Linux 系统编程实践

李成勇　著

西南交通大学出版社
·成　都·

内容提要

本书将 Linux 系统知识进行了实践，参照 Linux 系统编程知识架构，内容分为 3 章，主要围绕进程控制、文件操作、网络编程、界面开发等。第 1 章为 Linux 系统的安装，从 VMware 虚拟机安装、Ubuntu16.0.4 系统安装、Linux 基本操作等方面对系统安装操作做了详细介绍。第 2 章为基础实验过程解析，选取了 11 个常用基础验证性实验，包括 Linux 常见命令、VI 的使用、gcc 的使用、gdb 的使用、Makefile 的使用、文件编程、文件属性编程、文件目录编程、进程编程、进程间通信、网络编程等。第 3 章为实践练习解析，以任务案例的形式，进行程序设计开发，包括进程控制练习解析、文件操作练习解析、信号处理练习解析、网络编程练习解析、make 编译练习解析、界面开发练习解析、综合项目练习解析。

图书在版编目（CIP）数据

Linux 系统编程实践 / 李成勇著. —成都：西南交通大学出版社，2021.6
ISBN 978-7-5643-7919-3

Ⅰ. ①L… Ⅱ. ①李… Ⅲ. ①Linux 操作系统 Ⅳ. ①TP316.85

中国版本图书馆 CIP 数据核字（2020）第 257645 号

Linux Xitong Biancheng Shijian

Linux 系统编程实践

李成勇 / 著

责任编辑 / 黄庆斌
特邀编辑 / 刘姗姗
封面设计 / 原谋书装

西南交通大学出版社出版发行
（四川省成都市金牛区二环路北一段 111 号西南交通大学创新大厦 21 楼　610031）
发行部电话：028-87600564　028-87600533
网址：http://www.xnjdcbs.com
印刷：成都蓉军广告印务有限责任公司

成品尺寸　185 mm × 260 mm
印张　10.75　字数　250 千
版次　2021 年 6 月第 1 版　印次　2021 年 6 月第 1 次

书号　ISBN 978-7-5643-7919-3
定价　38.00 元

课件咨询电话：028-81435775
图书如有印装质量问题　本社负责退换

Preface / 前 言

学习 Linux 系统能够让我们更好地了解计算机的工作原理，对于巩固基础知识是非常有用的。大学里面的计算机原理课程大多偏向理论，没有真正结合实际操作系统验证这些理论知识。还有一个很重要的原因是，很多人使用的都是 Windows 操作系统。所以导致我们在学习计算机原理和操作系统课程的时候没有很好地掌握其中的内容，到了工作中要用到的时候就云里雾里了。

对于 Windows 系统，它有友好的用户界面，在 Windows 系统上面几乎所有的功能都可以通过点点鼠标就能完成。在学习计算机原理和操作系统的课程的时候，我们天真地以为能够在 Windows 系统上安装各种软件，会给自己的计算机安装 Windows 操作系统就已经学会了操作系统原理，等到了工作中，发现很多的基础知识都不懂，计算机是怎么运行起来的，操作系统是怎么管理硬件的等都不知道，更可怕的是，当离开了 Windows 友好的用户界面的时候，我们会发现想要查看一下计算机的 IP 地址都无从下手了。所以想要学会操作系统的知识，就必须掌握计算机最底层的工作原理，只有掌握了这些基础知识，才能更好地理解操作系统原理。

Linux 操作系统是一个开源免费的操作系统，这意味着我们可以直接查看操作系统最底层的源代码，我们能够通过源代码了解计算机操作系统是怎么工作起来的。在学习计算机原理和操作系统的时候，结合理论，自己可以直接去看 Linux 系统是如何通过代码实现的，这对掌握这些基础知识是非常有用的，所以，学习 Linux 操作系统对于巩固基础知识是非常有用的。

Linux 系统是开源免费的，我们在学习编程的基础知识和基础基本思想的时候，我们可以到 Linux 系统的实现源码中去找相应的内容是怎么用代码实现的，这些代码都是前辈们留下的精髓知识，是世界级的大师们的智慧结晶。通过学习他们的思想，我们可以在实际的开发中用到他们的思想，比如可以借鉴大师们在内核源码中的数据结构和算法，学习他们在硬件资源缺乏的时候是怎么让程序占用最少的资源而达到想要的效果的等。

总之，Linux 系统是一个软件开发的生态，里面的内容丰富多彩，当你跨入 Linux 大门的时候，你会发现你的编程世界又打开了一道门，尽管门里面的知识浩如烟海，但这段学习的路途中，每一步都是万分的精彩！

本书把 Linux 系统知识转化成实践应用，某些程序设计算法介绍有欠妥的地方，请各位读者批评指正。

作　者

2021.5

C/目 录 ontents

第 1 章　Linux 系统的安装

第 2 章　实验过程解析

第3章　实践练习解析

第 1 章　Linux 系统的安装

Linux 系统的安装分为两部分：一个是 Vmware 虚拟机的安装；另一个是 Ubuntu16.0.4 系统的安装。

1.1　VMware 虚拟机安装教程

用户解压已下载“VMware.Workstation.v14.0.0.Win.rar”，然后进入解压后的目录，双击“VMware-workstation-full-14.0.0-6661328.exe”启动 VMware Workstation 14 Pro 安装程序，如图 1.1 所示。

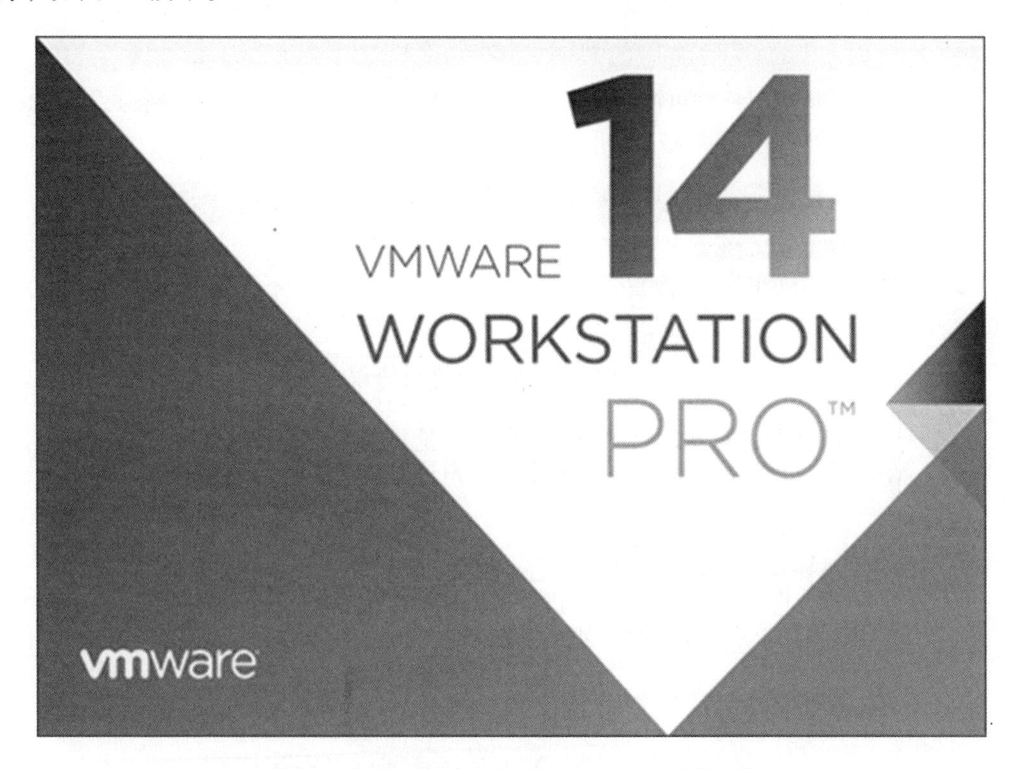

图 1.1　启动 VMware Workstation 14 Pro 安装程序

在弹出的“欢迎”窗口中，点击“下一步”按钮进入下一步，如图 1.2 所示。

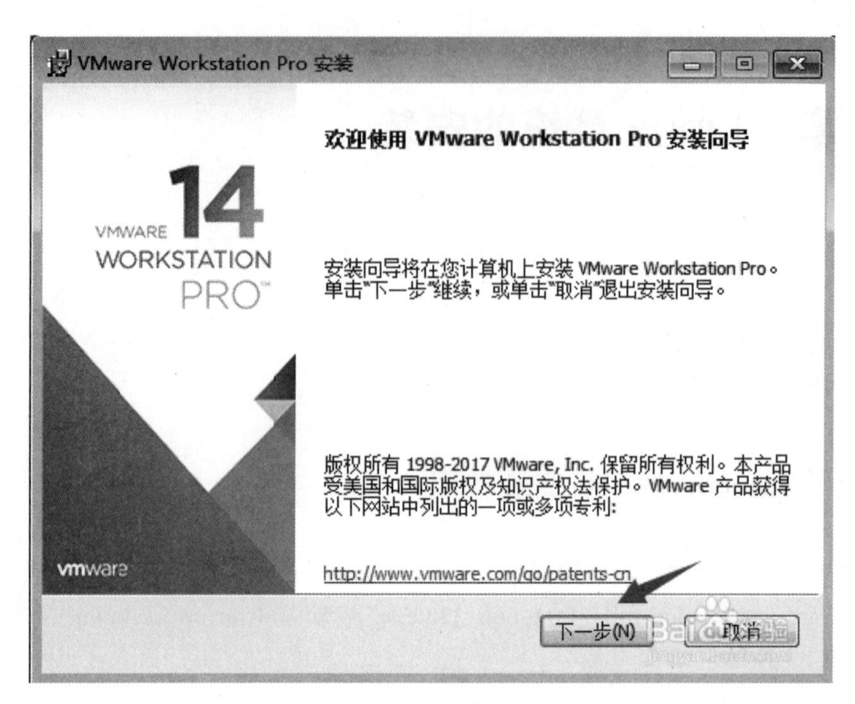

图 1.2 “欢迎”窗口

在弹出的“最终用户许可协议”窗口中，勾选“我接受许可协议中的条款”复选框，然后点击“下一步”按钮进入下一步，如图 1.3 所示。

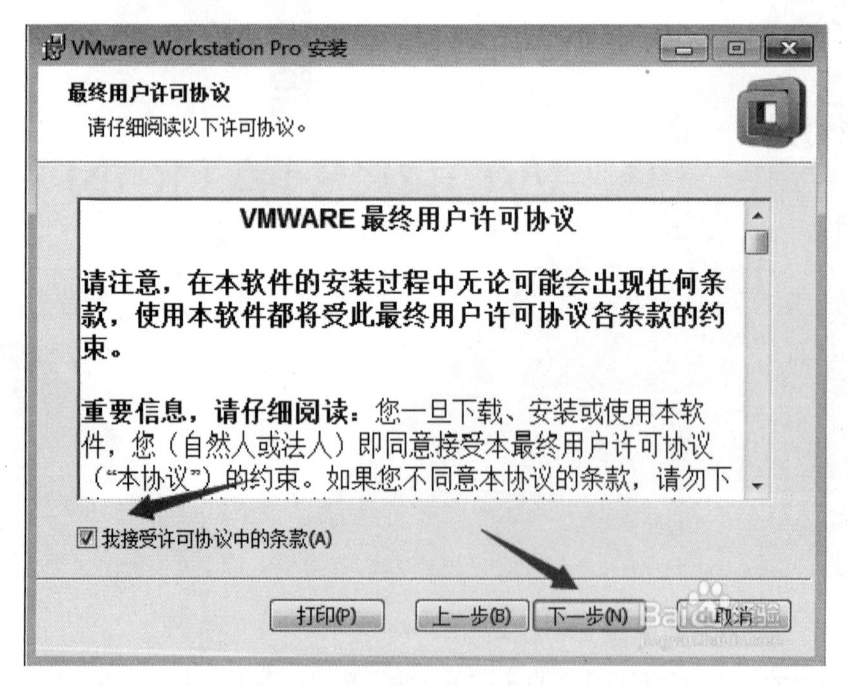

图 1.3 “最终用户许可协议”窗口

在弹出的“自定义安装”窗口中，可以点击“更改”按钮选择 VMware Workstation 的安装目录（本教程中采用默认目录）。选定安装位置后，勾选“增强型键盘驱动程序”，然后点击“下一步”按钮进入下一步，如图 1.4 所示。

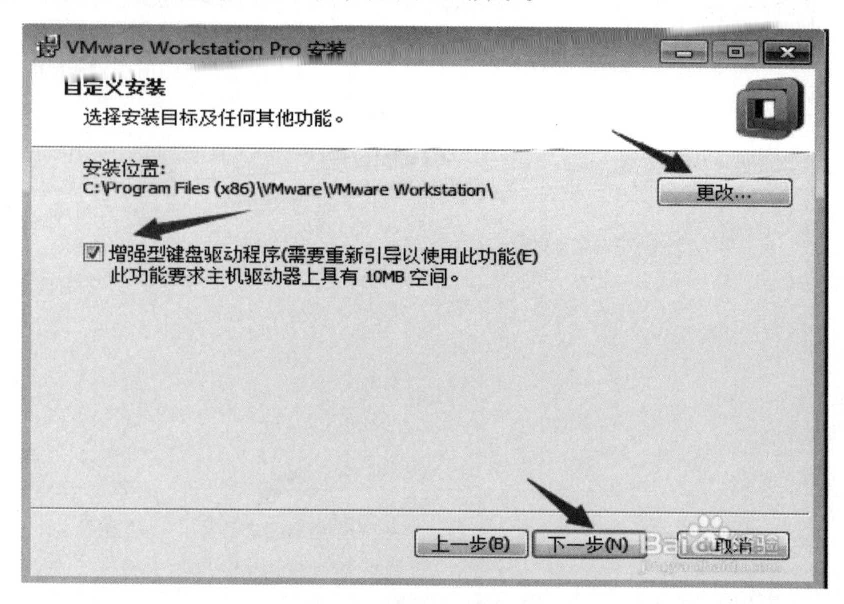

图 1.4　“自定义安装”窗口

在弹出的“用户体验设置”窗口中，去掉“启动时检查产品更新”和“加入 VMware 客户体验改进计划”复选框前的勾，然后点击“下一步”按钮进入下一步，如图 1.5 所示。

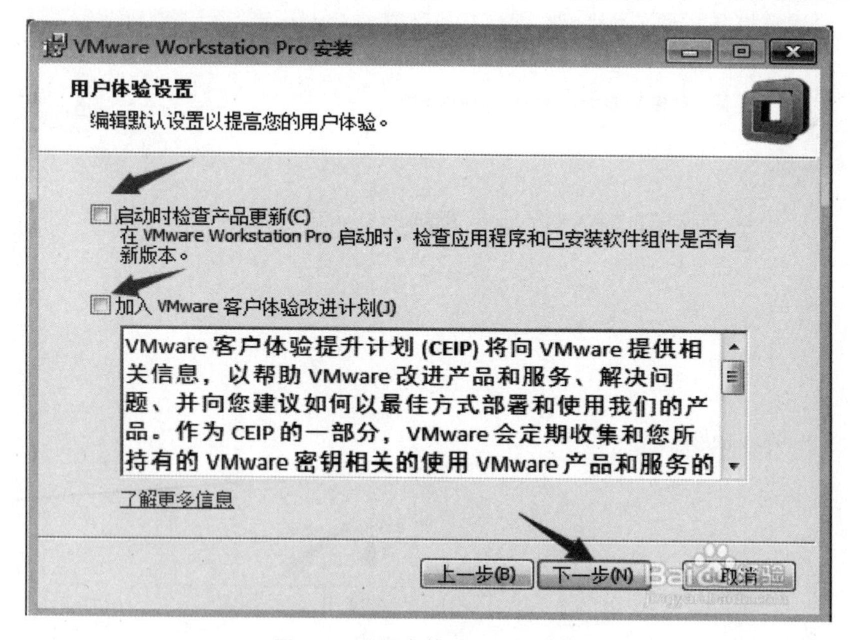

图 1.5　“用户体验设置”窗口

在弹出的“快捷方式”窗口中，直接点击“下一步”按钮进入下一步，如图 1.6 所示。

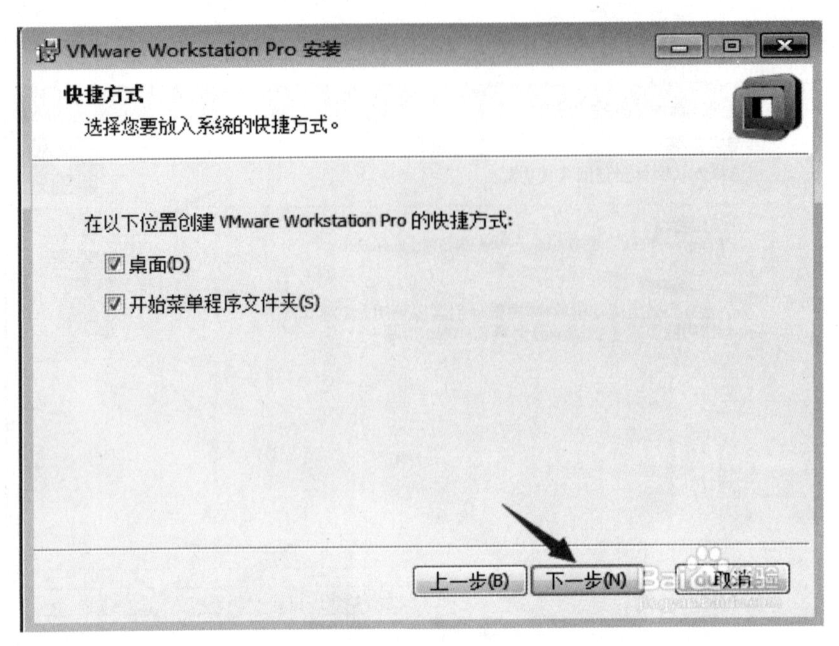

图 1.6　“快捷方式”窗口

在弹出的“已准备好安装 VMware Workstation Pro”窗口中，点击“安装”按钮开始安装，如图 1.7 所示。

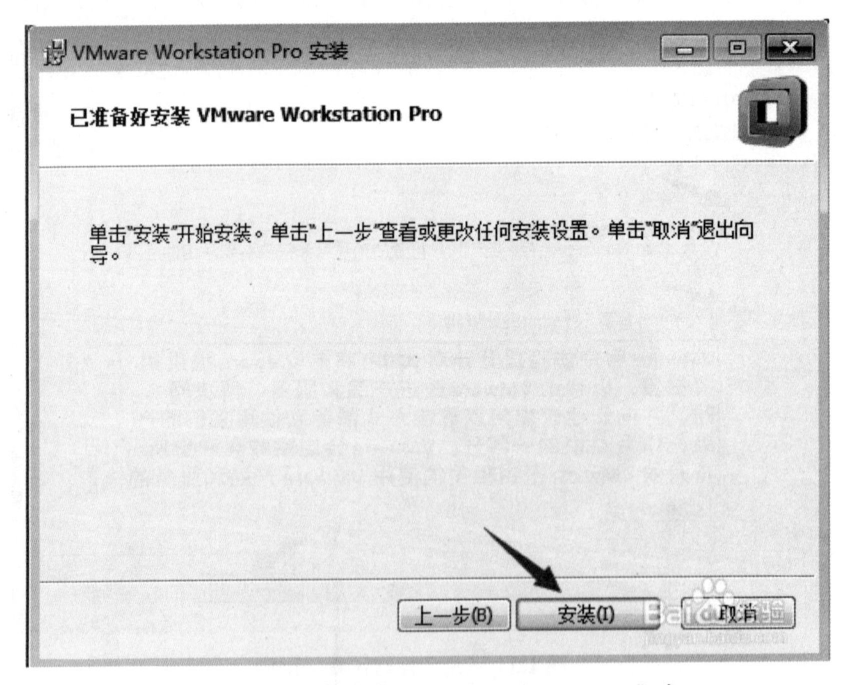

图 1.7　“已准备好安装 VMware Workstation Pro”窗口

弹出如图 1.8 所示的“正在安装 VMware Workstation Pro”窗口，等待 VMware 安装完毕后，在弹出的“安装向导已完成”窗口中，点击“完成”按钮完成安装，如图 1.9 所示。

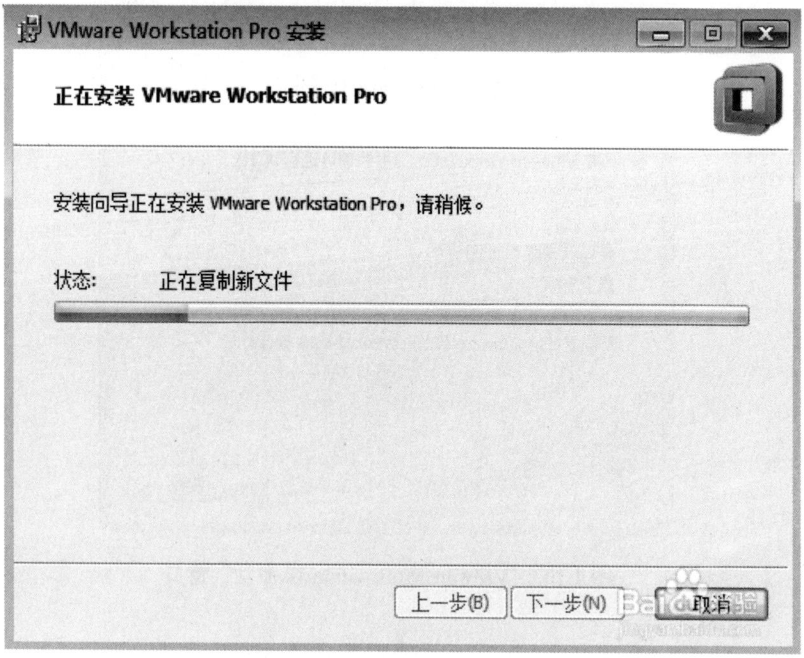

VMware Workstation Pro 安装

正在安装 VMware Workstation Pro

安装向导正在安装 VMware Workstation Pro，请稍候。

状态:　　正在复制新文件

上一步(B)　下一步(N)　取消

图 1.8　“安装向导已完成”窗口

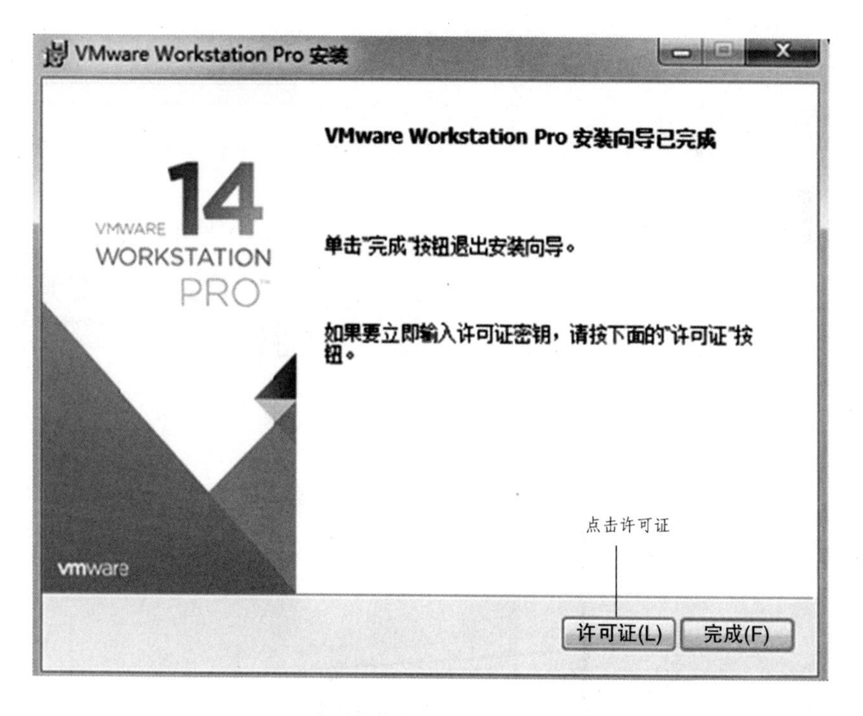

图 1.9　“完成”按钮

双击桌面上的“VMware Workstation Pro”图标，在弹出的“VMware Workstation 14 激活”窗口中，输入密钥，然后点击“继续”按钮请求激活，如图 1.10 所示。

图 1.10 “VMware Workstation 14 激活”窗口

1.2 Ubuntu 16.0.4 系统安装教程

打开 VMware 软件，选择“创建新的虚拟机”，如图 1.11 所示。

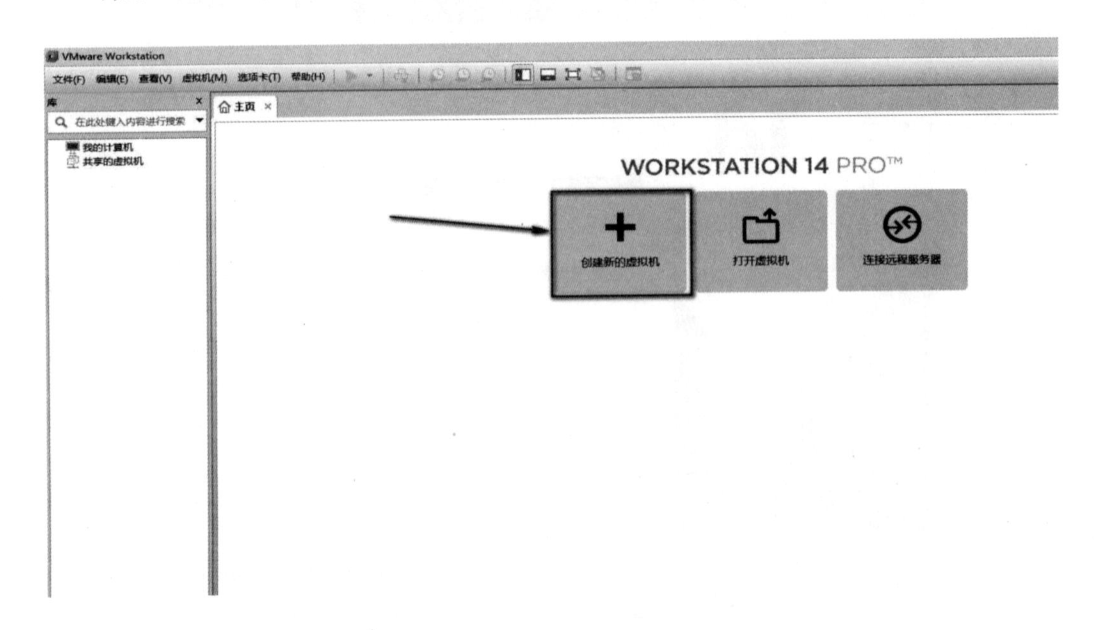

图 1.11 打开 VMware 软件

点击“创建新的虚拟机”，选择“自定义”，如图 1.12 所示。

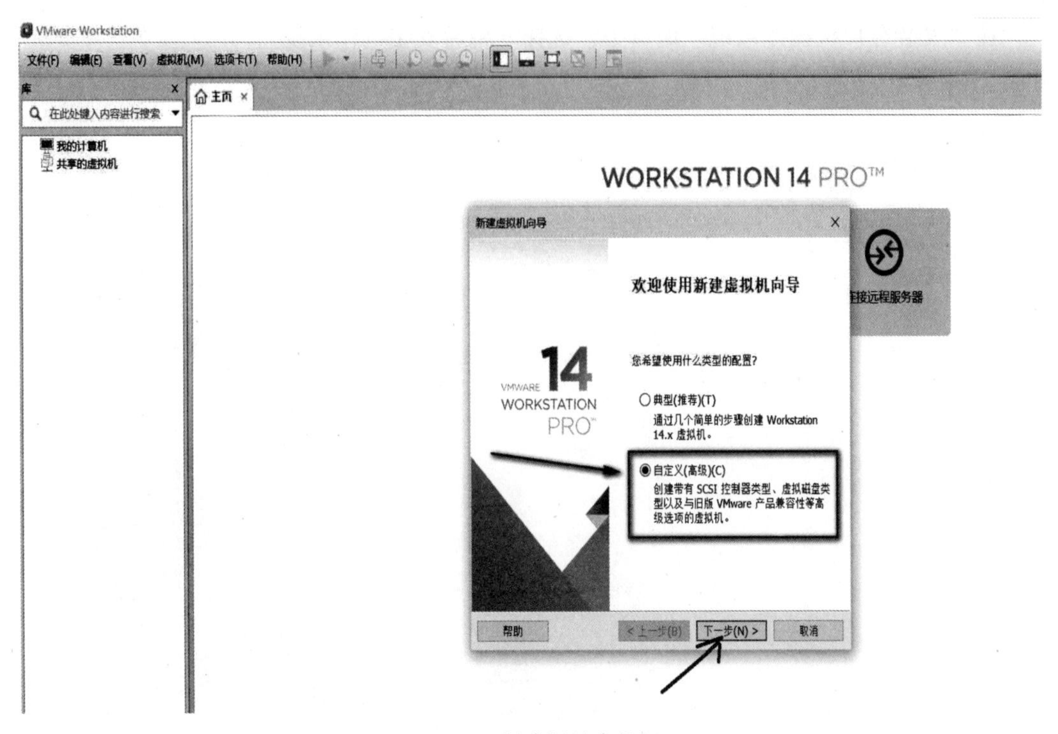

图 1.12　创建新的虚拟机

虚拟机硬件兼容性选择“Workstation14.x”，并点击“下一步”，如图 1.13 所示。

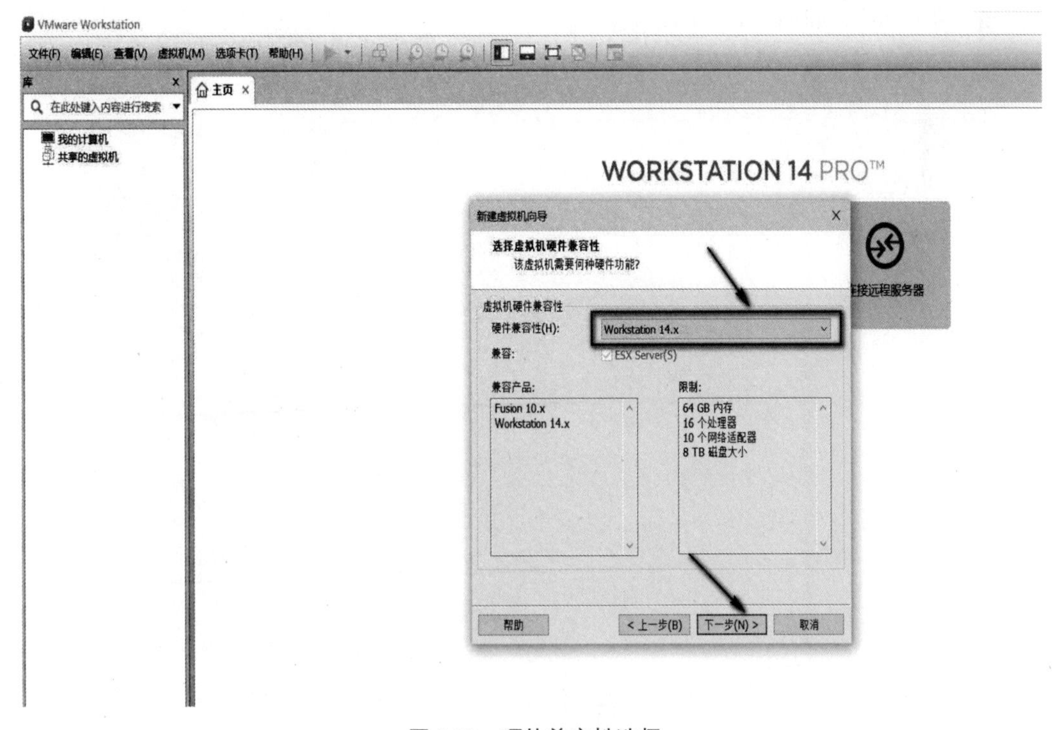

图 1.13　硬件兼容性选择

在“安装客户机操作系统”窗口中，选择“稍后安装操作系统”，并点击“下一步”，如图 1.14 所示。

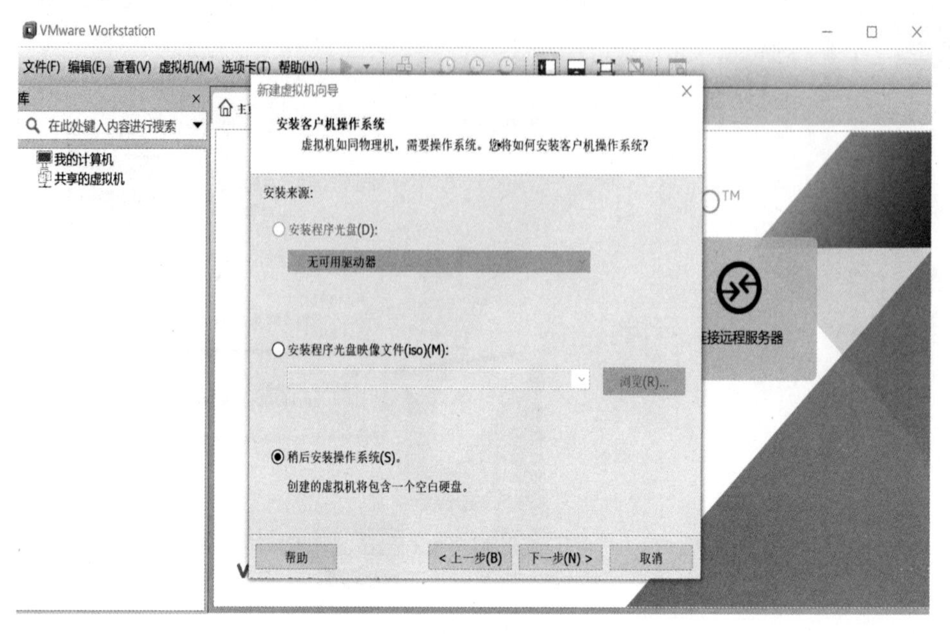

图 1.14　安装客户机操作系统

在“选择客户机操作系统”窗口中，选择“Linux（L）”，版本选择“Ubuntu 64 位”，并点击“下一步”，如图 1.15 所示。

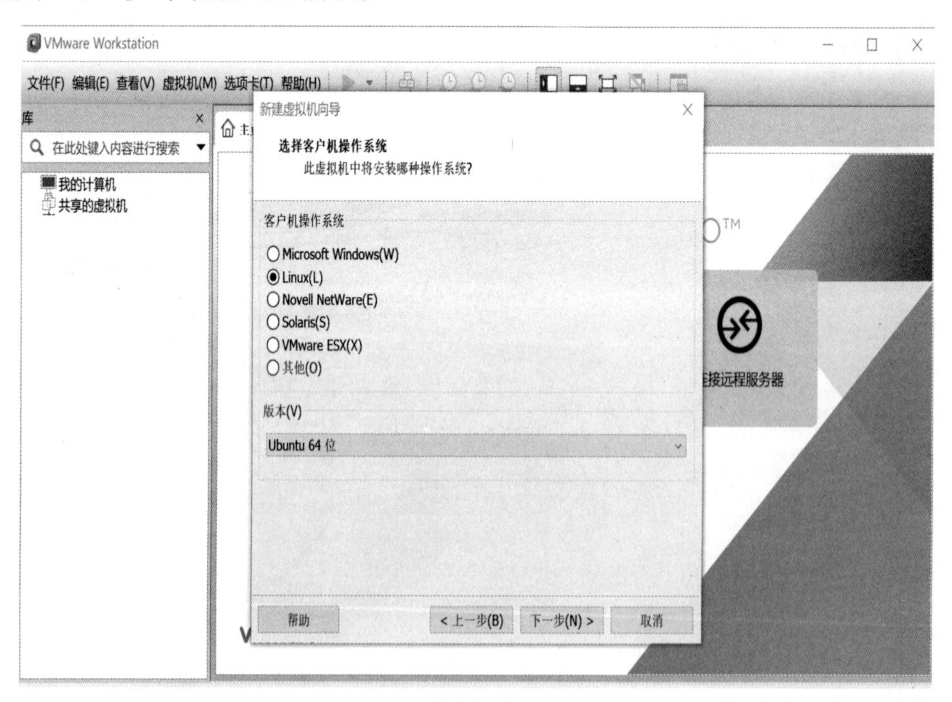

图 1.15　选择客户机操作系统

在计算机非系统盘建立一个文件夹，用于存放安装后的 Ubuntu 系统，选择该目录，并点击“下一步”，如图 1.16 所示。

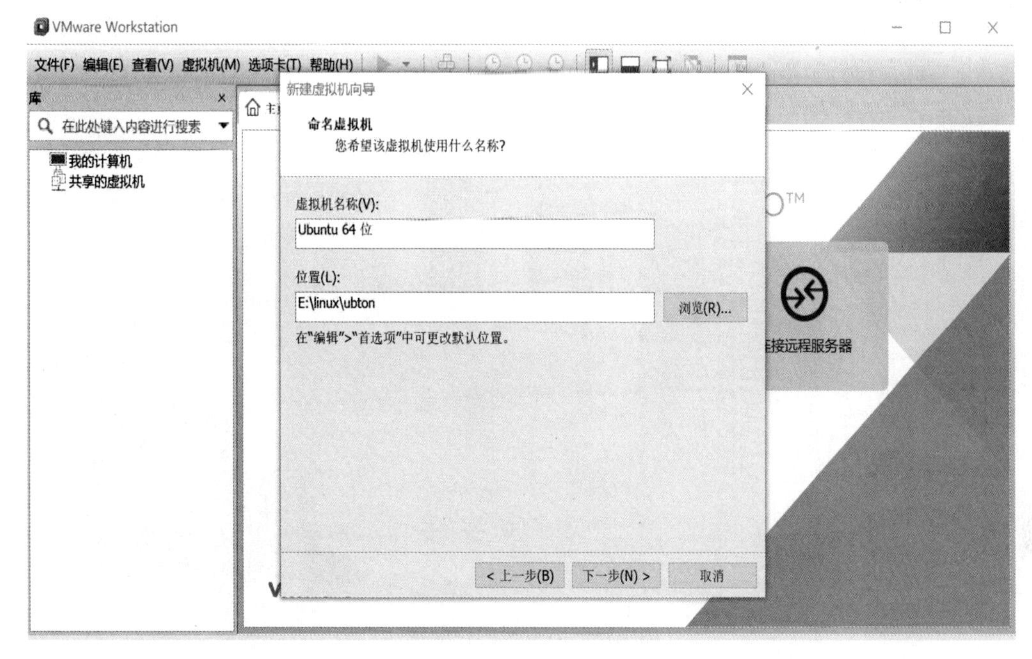

图 1.16　命名虚拟机

在“处理器配置”窗口中采用默认配置，并点击“下一步”，如图 1.17 所示。

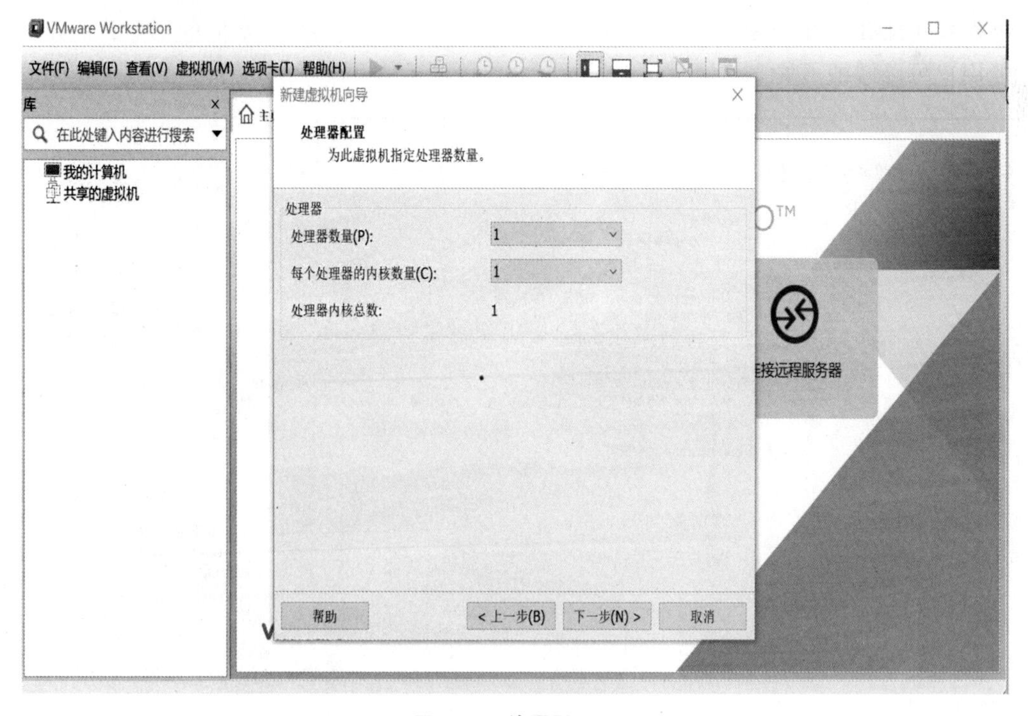

图 1.17　处理器配置

虚拟机内存配置采用默认配置，如图 1.18 所示，点击“下一步”。

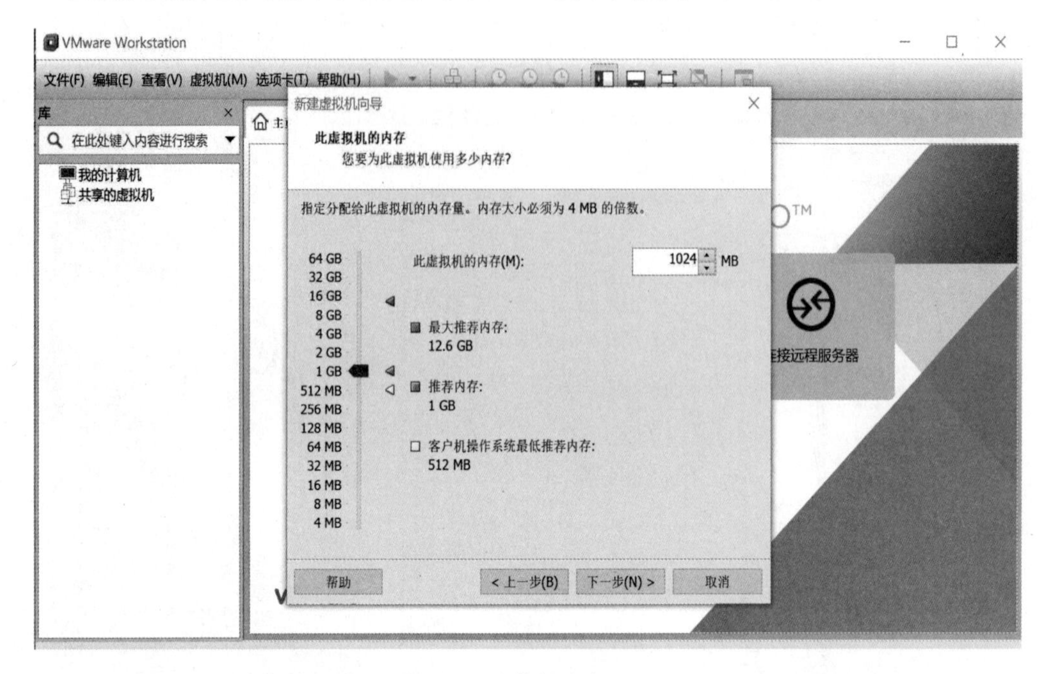

图 1.18 虚拟机内存配置

网络类型选择“使用网络地址转换（NAT）（E）”选项，如图 1.19 所示。

小提示：在 VMware 中提供了三种网络模式，分别为桥接模式（Bridge）；网络地址转换模式（NAT）；仅主机模式（Host-Only）。三种网络模式各自有不同的功能，需要用到的用户可以详细了解。

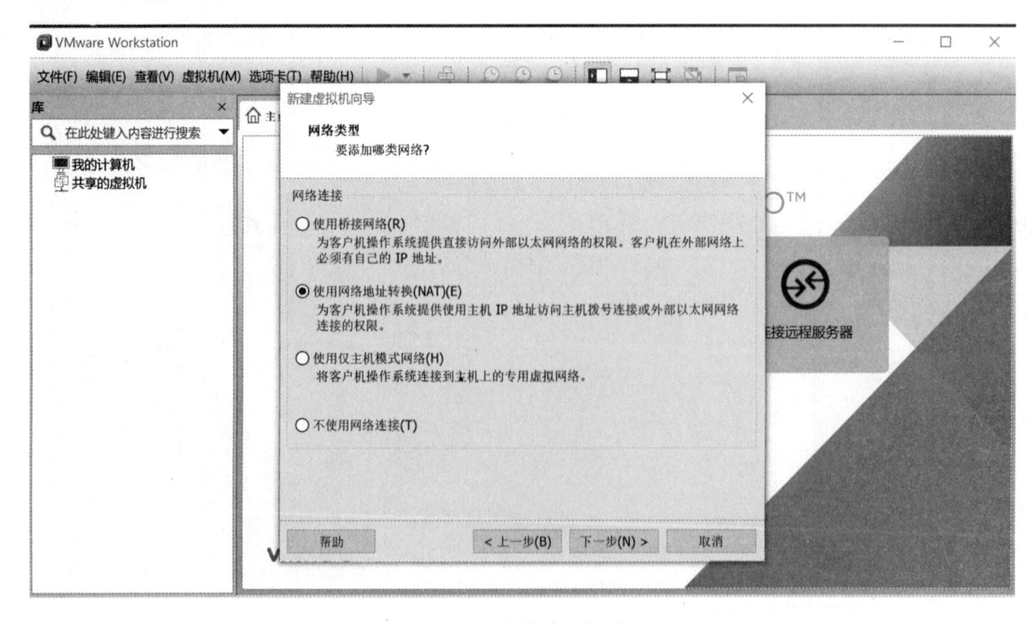

图 1.19 网络类型选择

在“选择 I/O 控制器类型”窗口中，接下来两个步骤均选择默认选项，SCSI 控制器选择如图 1.20 所示，点击“下一步”。虚拟磁盘类型如图 1.21 所示，并点击“下一步”。

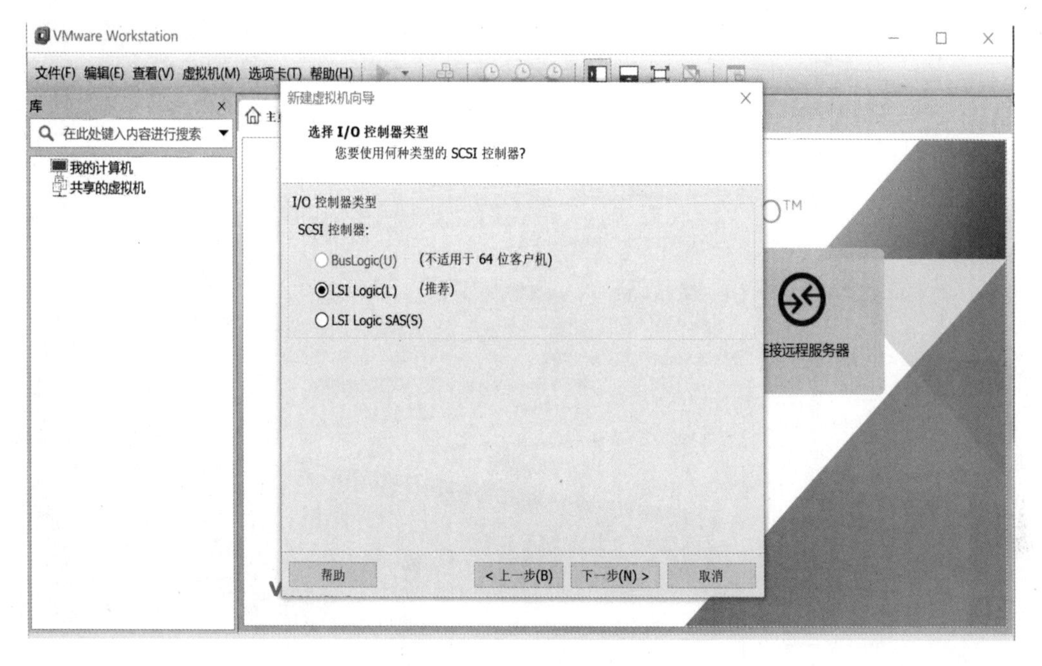

图 1.20　SCSI 控制器选择

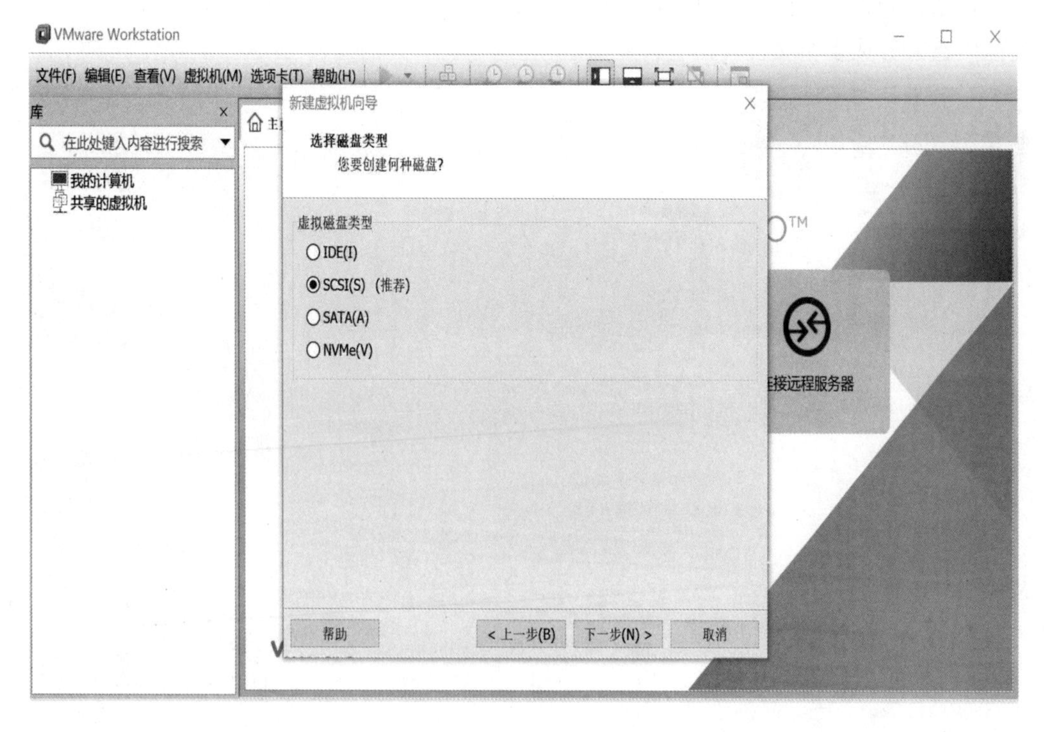

图 1.21　虚拟磁盘类型

在“选择磁盘”窗口中选择“创建新虚拟磁盘”，并点击“下一步”，如图 1.22 所示。

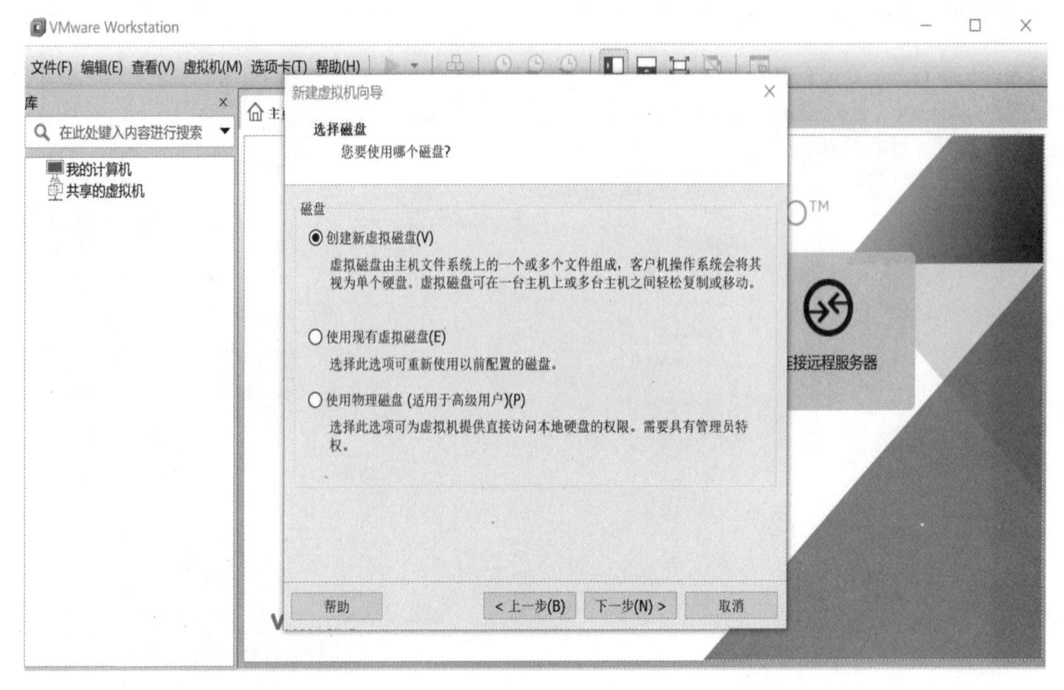

图 1.22　选择磁盘

在指定磁盘容量中，磁盘大小根据自己实际需要，本机选择 30GB 大小，并选择“将虚拟磁盘拆分成多个文件（M）”，并点击“下一步”，如图 1.23 所示。

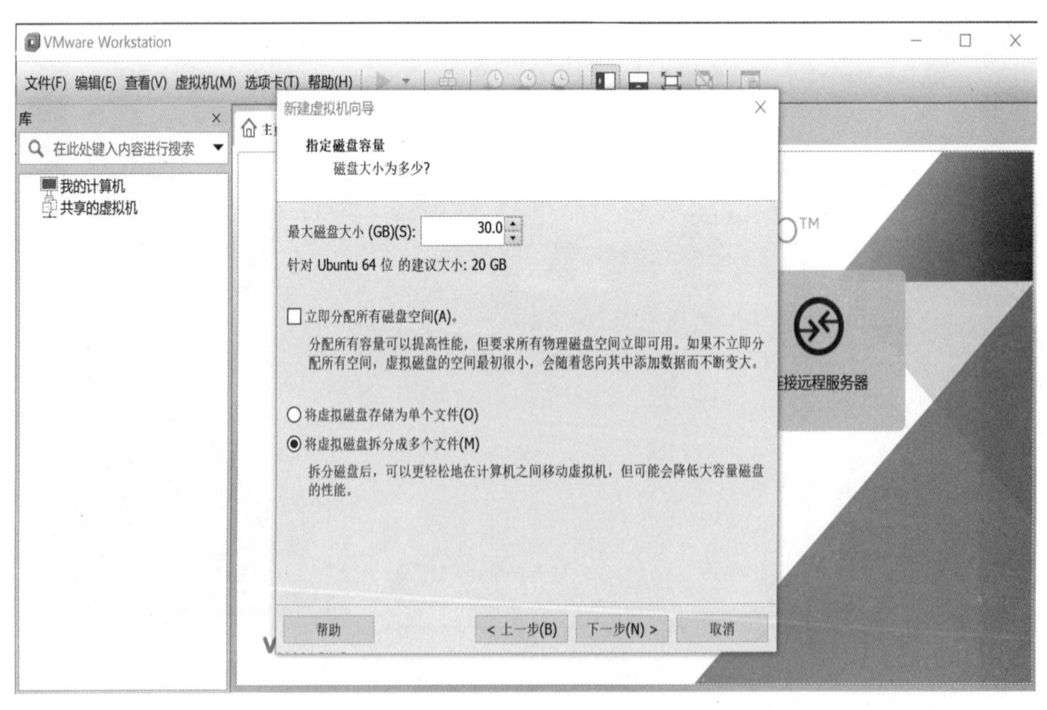

图 1.23　指定磁盘容量

在指定磁盘文件中，磁盘文件命名“Ubuntu 16 0.4 LTS”，并点击“下一步”，如图1.24所示。

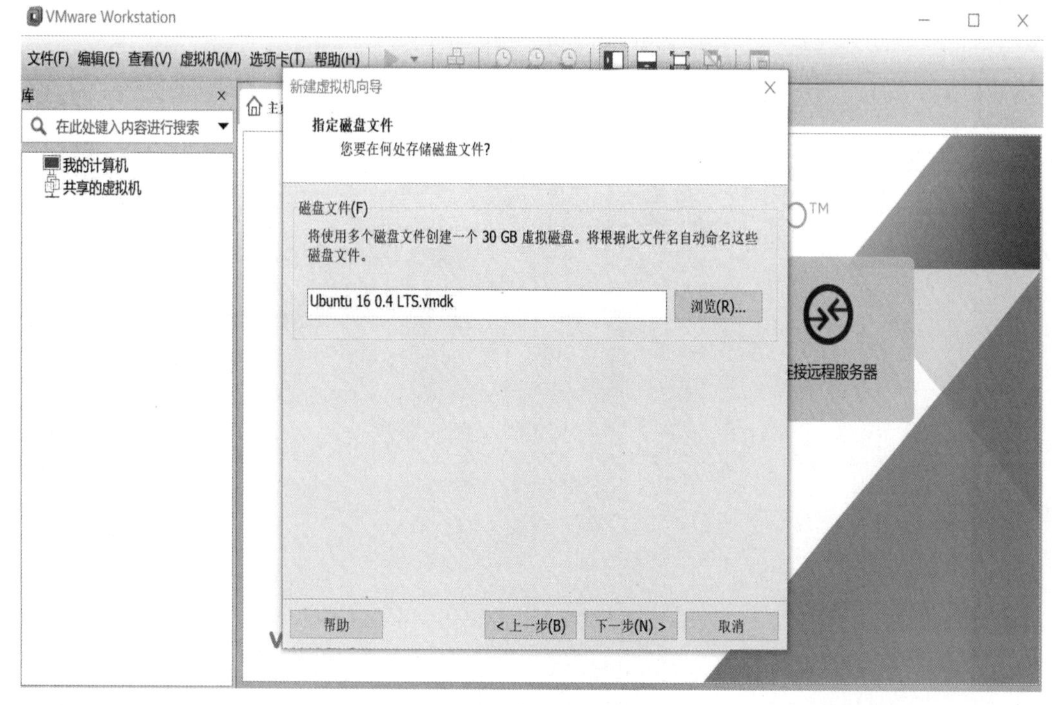

图 1.24　指定磁盘文件

弹出如图1.25所示界面，选择“自定义硬件”，并进入“下一步”设置。

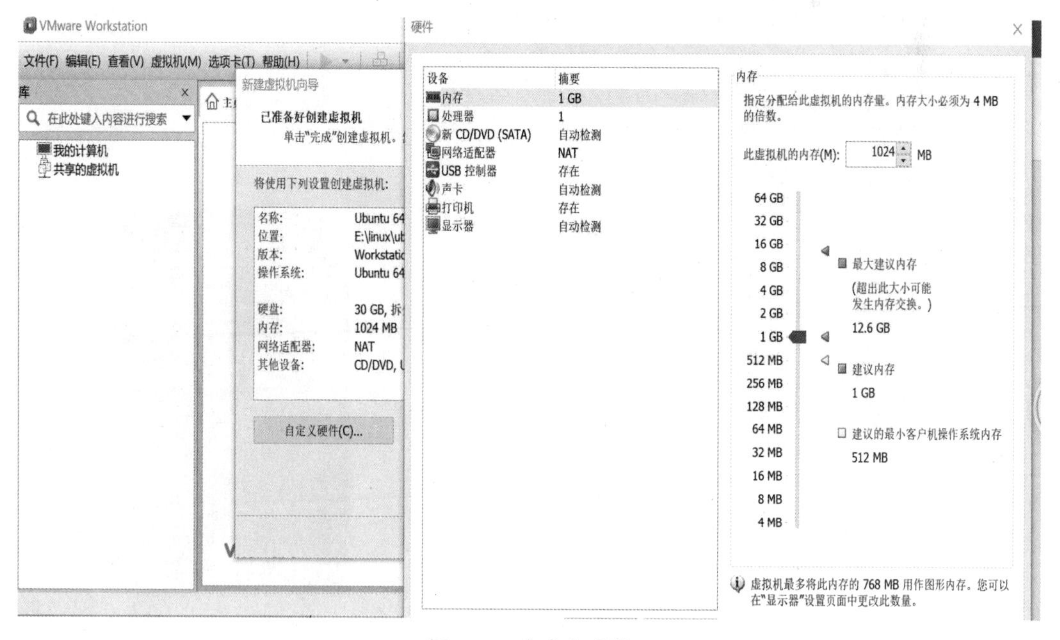

图 1.25　自定义硬件

在硬件设置界面点击“新 CD/DVD（SATA）”选项，右边选择“使用 ISO 映像文件（M）”，并选择 Ubuntu16.04 镜像所在文件夹位置，点击“确定”，虚拟机基本完成安装，如图 1.26 所示。

图 1.26　硬件设置界面

开启虚拟机进一步的安装配置，如图 1.27 所示。

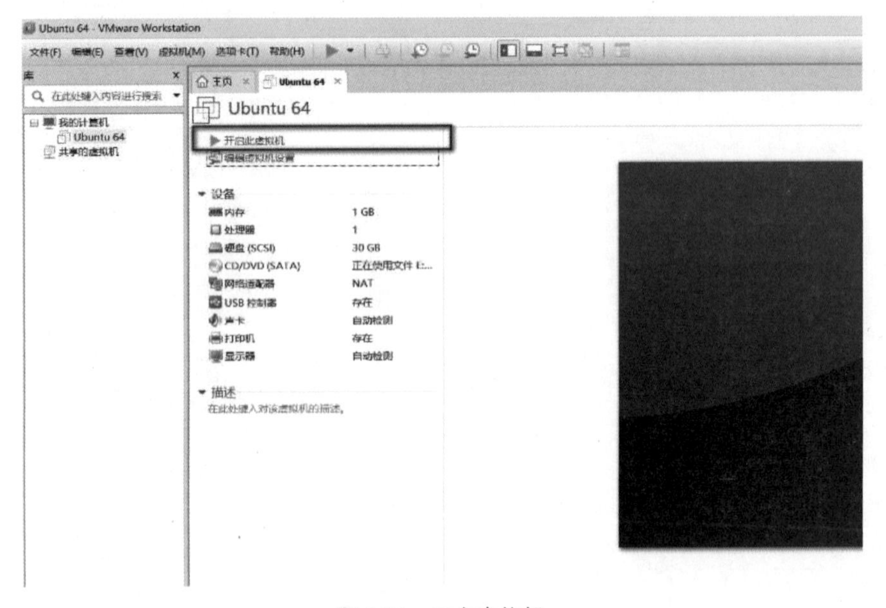

图 1.27　开启虚拟机

开启虚拟机后，进一步的安装配置如图 1.28 所示，选择“中文”安装。

图 1.28　安装配置

根据需要勾选软件安装，如图 1.29 所示。

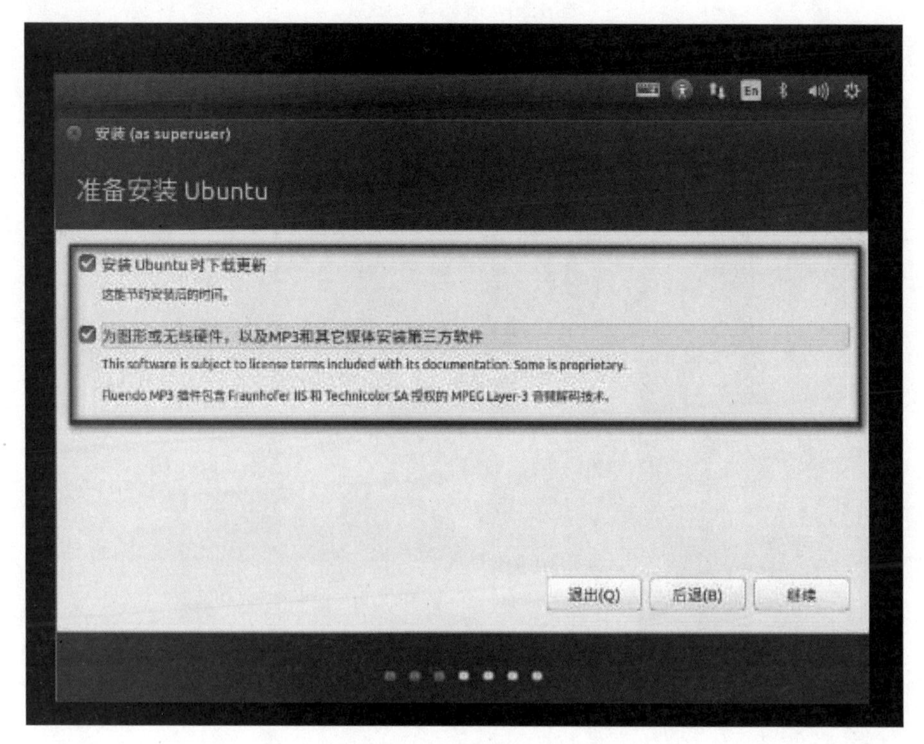

图 1.29　勾选软件安装

在“将改动写入磁盘吗？”窗口中，选择“继续”如图 1.30 所示。

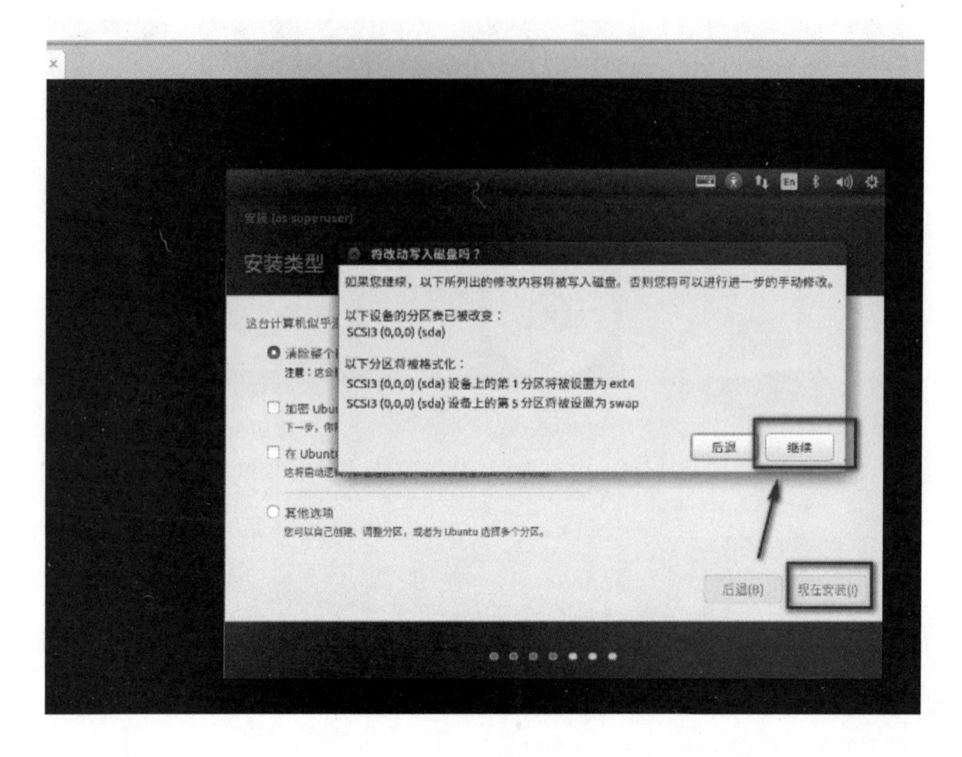

图 1.30　改动写入磁盘

点击用户所在区域，会自动填充“shanghai”，如图 1.31 所示。

图 1.31　安装地方选择

在键盘布局中，选择“汉语”，如图 1.32 所示。

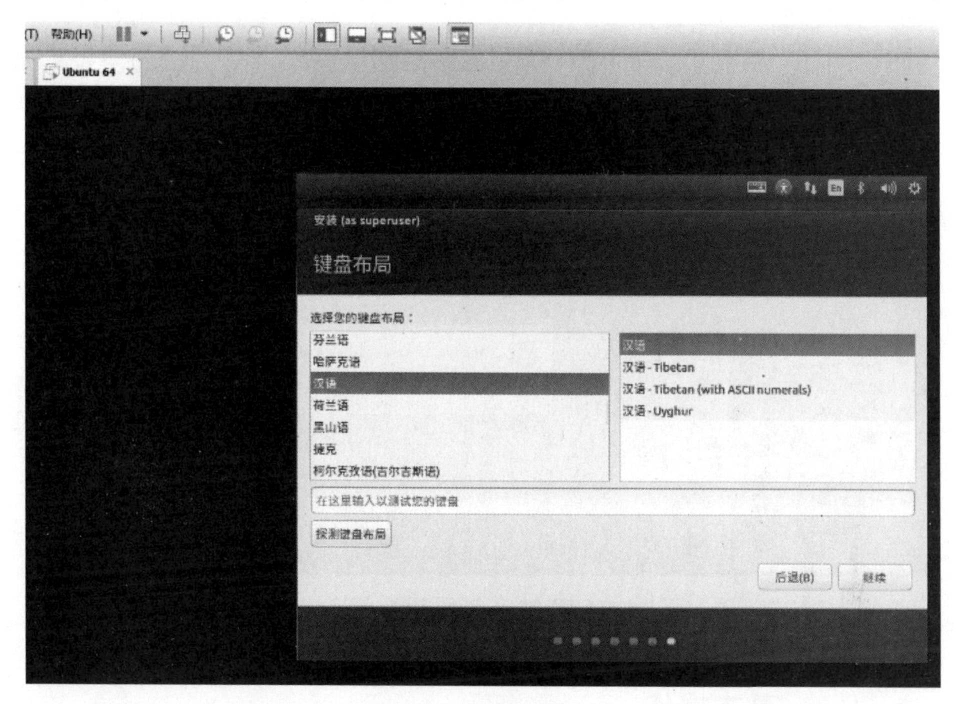

图 1.32　键盘布局

输入自己的用户名和密码，如图 1.33 所示。

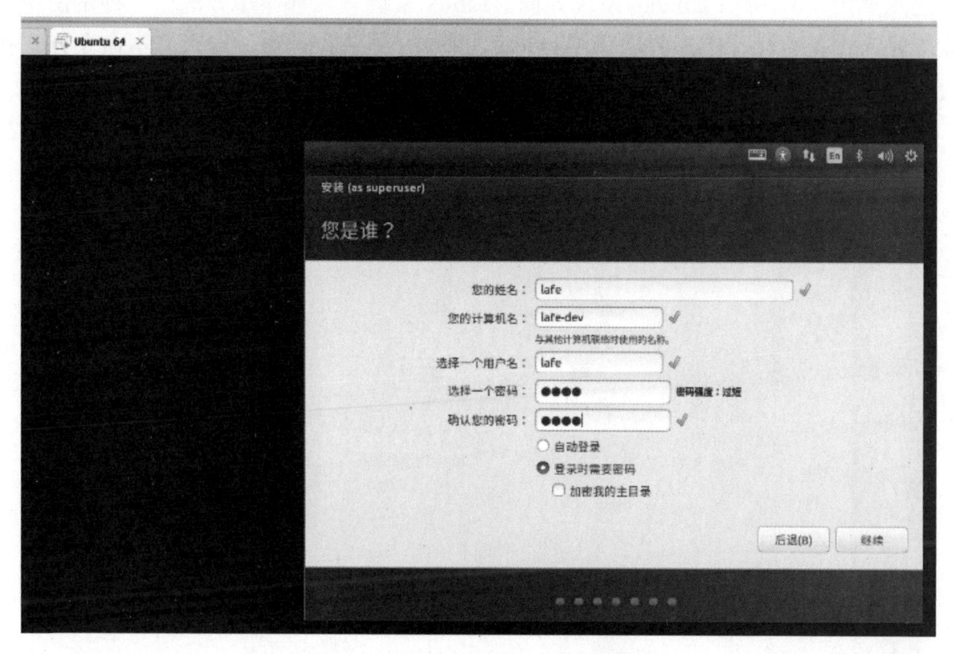

图 1.33　输入自己的用户名和密码

点击“继续”开始安装，稍等一会后安装完成，如图 1.34 所示，点击“现在重启”

后输入用户名和密码后可进入 Ubuntu 系统界面。

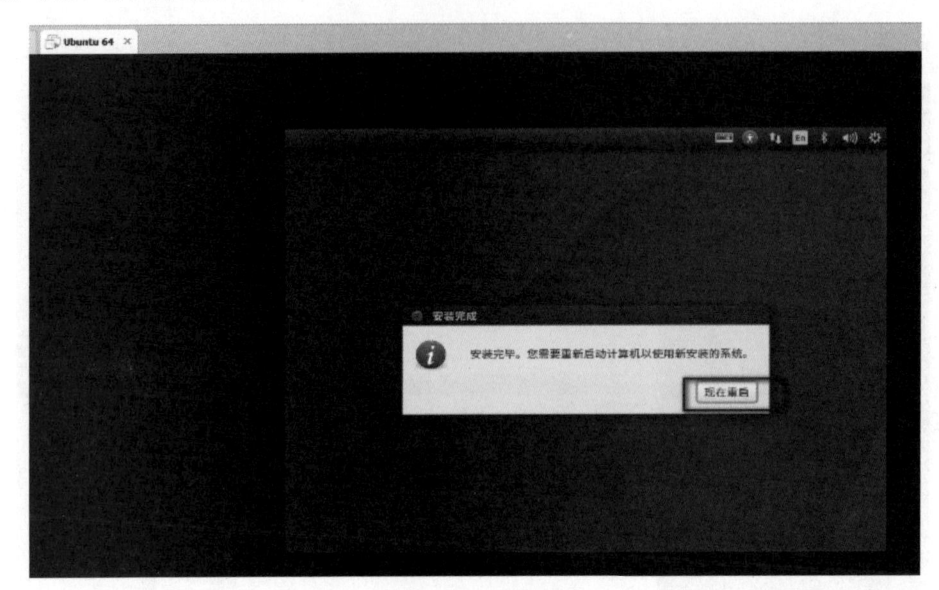

图 1.34　开始安装

1.3　Linux 基本操作

进入如图 1.35 所示 Ubuntu 系统界面。Linux 系统有两种操作方法：一种是使用鼠标键盘等输入设备直接在图形界面 X Window 上操作；另一种是通过输入文本命令方式在控制台上操作。各种 Linux 发行版的操作遵循同样的原则，所以操作方法非常相似。

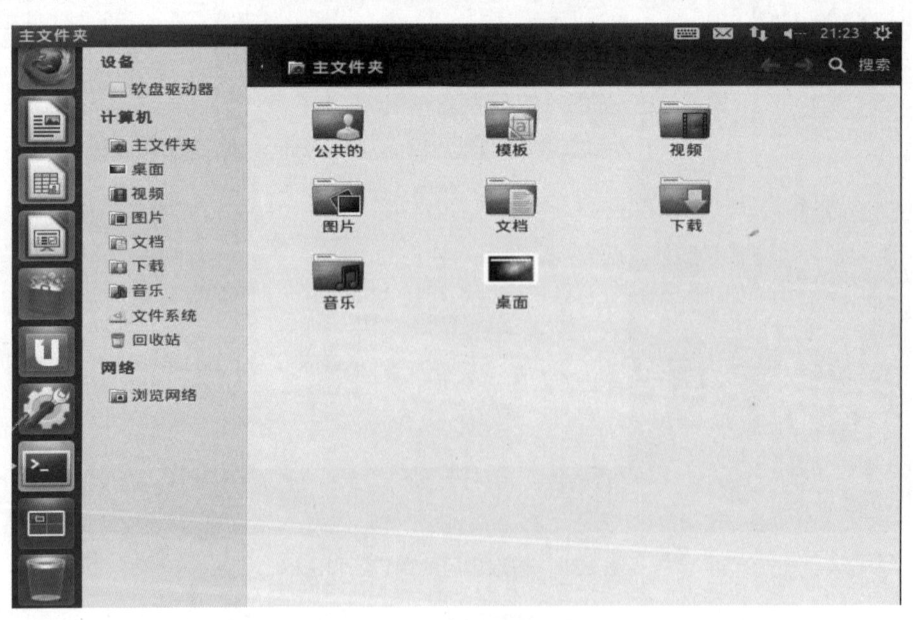

图 1.35　Ubuntu 系统界面

Linux 终端如图 1.36 所示。

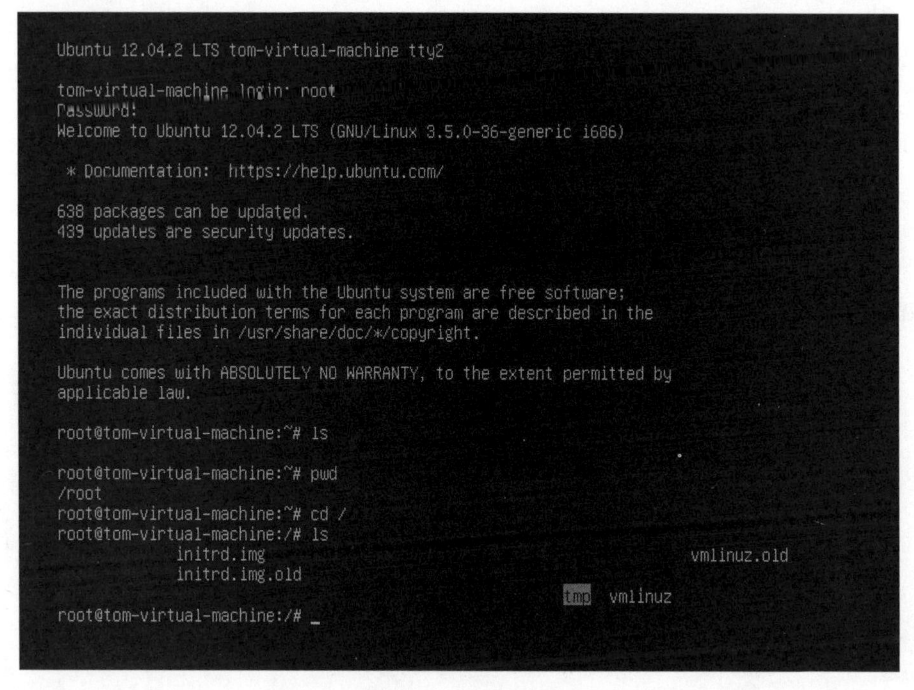

图 1.36　Linux 终端

Linux 打开终端的方式有两种方法：

方法一：使用快捷键“Ctrl+Alt+T”打开终端。

在 Ubuntu 系统中按“Ctrl+Alt+T”即可打开终端，此方法是最简便快捷的方法。

方法二：点击 Dash 主页打开终端。

单击 Ubuntu 桌面左上边的 Dash 主页图标，在搜索框内输入“ter”，然后在搜索结果内会出现终端的图标，然后单击终端图标即可打开终端，如图 1.37 所示。

图 1.37　打开终端

练习：请打开终端界面输入以下获取用户和系统信息的命令。

whoami 命令：在屏幕上显示你的用户 id。

hostname 命令：显示登录上的主机的名字。

uname 命令：显示关于运行在计算机上的操作系统的信息。

uptime 命令：显示系统的运行时间。

date 命令：显示当前系统时间。

第 2 章　实验过程解析

2.1　实验 1：Linux 常见命令

- **实验目的：**

学会使用 Linux 的常见命令。

- **实验要求：**

熟练使用本节介绍的 Linux 命令。

- **实验器材：**

软件：安装了 Linux 的 vmware 虚拟机。

硬件：PC 机一台。

- **实验步骤：**

（1）useradd 命令。

Useradd 命令用于添加用户，用法：useradd [选项] 用户名

例：使用 useradd 命令添加 smb 用户，如图 2.1 所示，命令如下：

#useradd smb

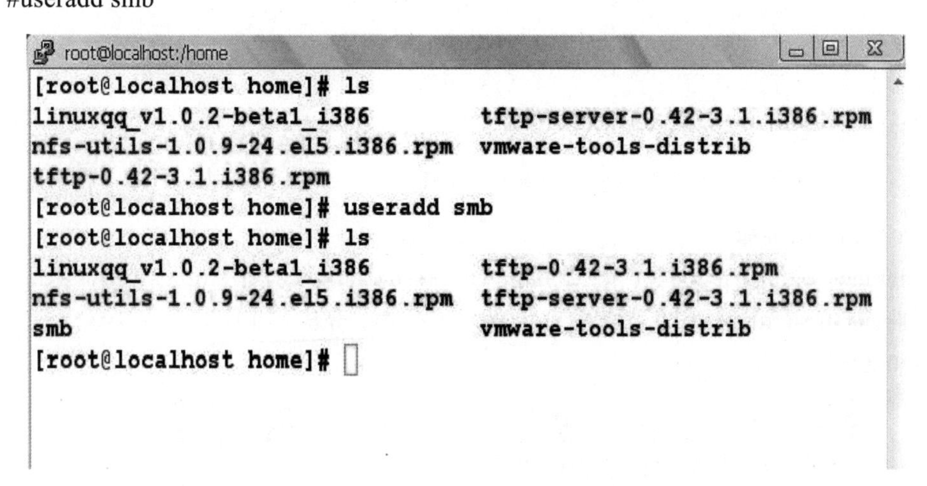

图 2.1　useradd 命令

添加名字为 smb 的普通用户后，在/home 目录下多了 smb 文件夹，这就是 smb 这个用户的主目录。

（2）passwd 命令。

passwd 命令用于设置账户密码，用法：passwd [选项] 用户名

例：使用 passwd 命令设置 smb 账户密码，如图 2.2 所示，命令如下：

#passwd smb

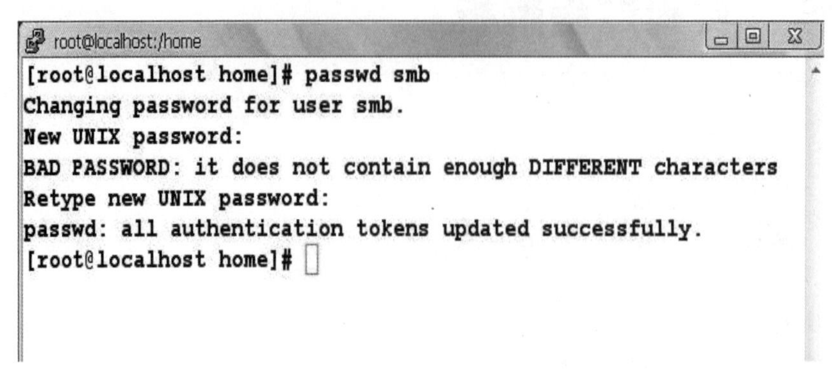

图 2.2　passwd 命令

（3）su 命令。

su 命令用于切换用户，用法：su [选项] [用户名]

例：使用 su 命令切换到 root 用户，如图 2.3 所示，命令如下：

$su – root

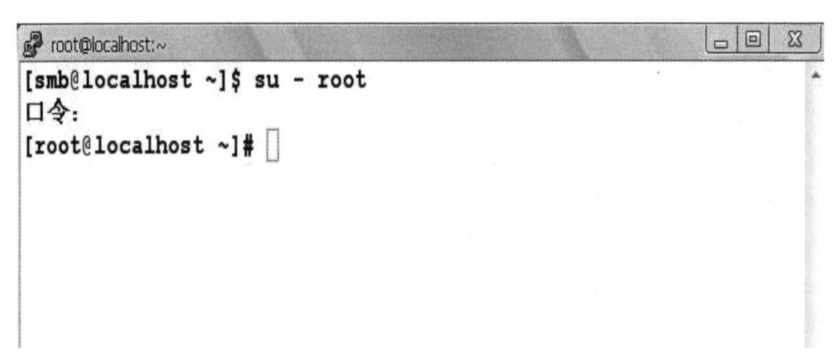

图 2.3　su 命令

（4）shutdown 命令。

shutdown 命令用于关机，用法：shutdown [-t sec] [-arkhncfFHP] time [warning message]

例：使用 shutdown 命令立刻关机，如图 2.4 所示，命令如下：

#shutdown now

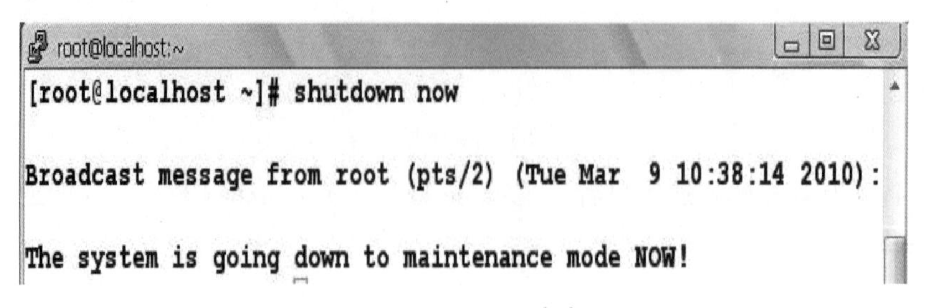

图 2.4　shutdown 命令

（5）cp 命令。

cp 命令用于拷贝，用法：cp [选项] 源文件或目录 目标文件或目录

例：使用 cp 命令将/home 目录下的 test 文件拷贝到/tmp 目录下，命令如下：

#cp /home/test /tmp/

例：使用 cp 命令将/home 目录下的 dir1 目录拷贝到/tmp 目录下，如图 2.5 所示，命令如下：

#cp –r /home/dir1 /tmp/

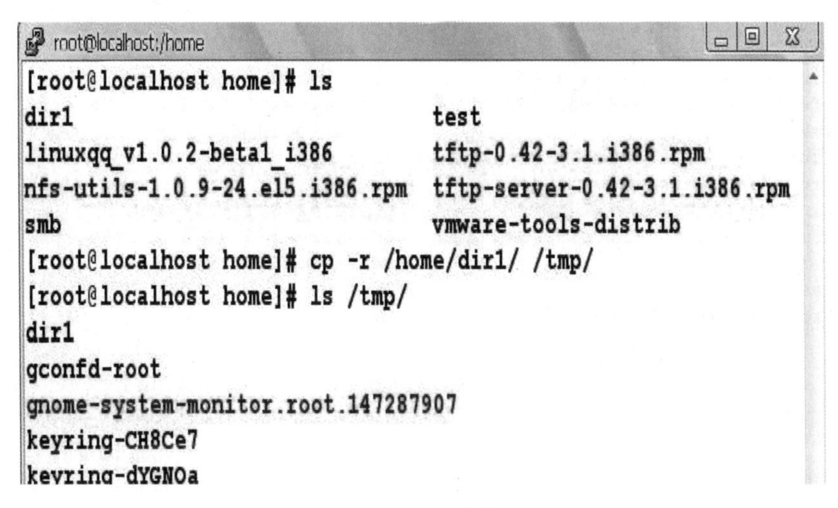

图 2.5　cp 命令

（6）mv 命令。

mv 命令用于移动或更名，用法：mv [选项] 源文件或目录 目标文件或目录

例：使用 mv 命令将/home 目录下的 test 文件更名为 test1，如图 2.6 所示，命令如下：

#mv /home/test /home/test1

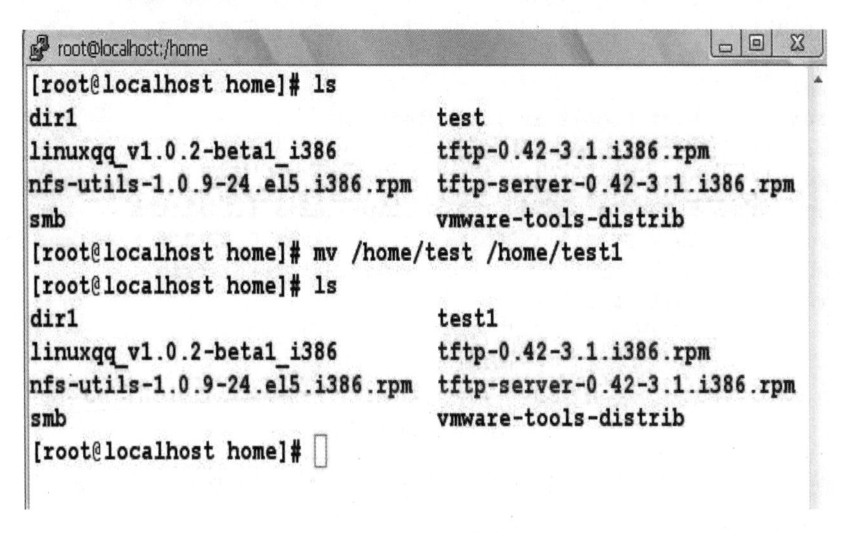

图 2.6　mv 命令

例：使用 mv 命令将/home 目录下 dir1 目录移动（剪切）/tmp 目录下，如图 2.7 所示，命令如下：

#mv /home/dir1 /tmp/

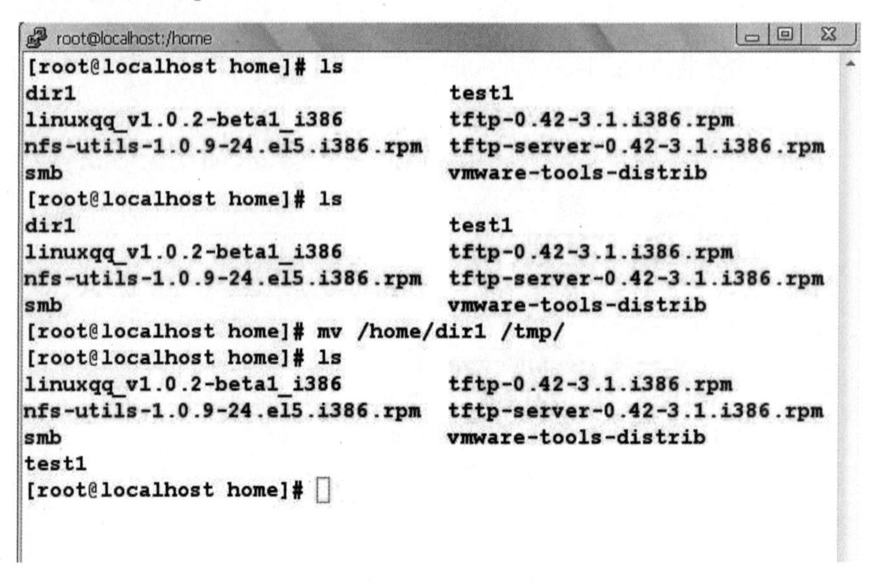

图 2.7　使用 mv 命令

（7）rm 命令。

rm 命令用于删除文件或目录，用法：rm [选项] 文件或目录

例：使用 rm 命令删除/home 目录下的 test 文件，如图 2.8 所示，命令如下：

#rm /home/test

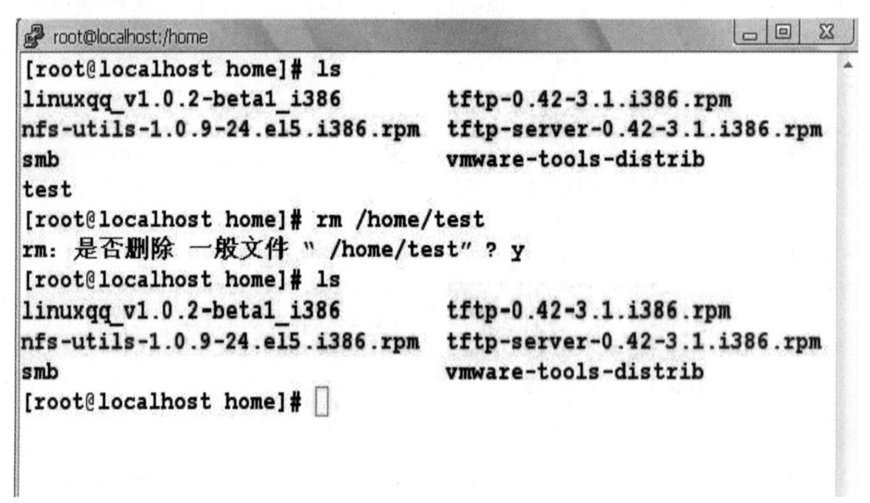

图 2.8　rm 命令

例：使用 rm 命令删除/home 目录下的 dir 目录，如图 2.9 所示，命令如下：

#rm –r /home/dir

```
root@localhost:/home
[root@localhost home]# ls
dir                             tftp-0.42-3.1.i386.rpm
linuxqq_v1.0.2-beta1_i386       tftp-server-0.42-3.1.i386.rpm
nfs-utils-1.0.9-24.el5.i386.rpm vmware-tools-distrib
smb
[root@localhost home]# rm -r /home/dir
rm: 是否删除 目录 " /home/dir" ? y
[root@localhost home]# ls
linuxqq_v1.0.2-beta1_i386       tftp-0.42-3.1.i386.rpm
nfs-utils-1.0.9-24.el5.i386.rpm tftp-server-0.42-3.1.i386.rpm
smb                             vmware-tools-distrib
[root@localhost home]#
```

图 2.9　使用 rm 命令

（8）mkdir 命令。

mkdir 命令用于创建目录，用法：mkdir [选项]　目录名

例：使用命令 mkdir 在/home 目录下创建 workdir 目录，如图 2.10 所示，命令如下：

#mkdir /home/workdir

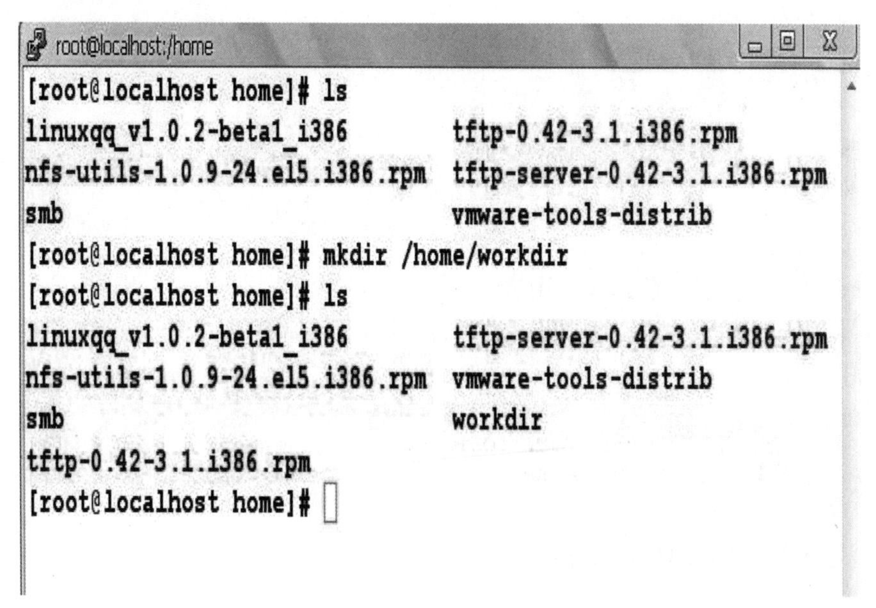

图 2.10　mkdir 命令

例：使用 mkdir 命令创建/home/dir1/dir2 目录，如果 dir1 不存在，先创建 dir1，如图 2.11 所示，命令如下：

#mkdir –p /home/dir1/dir2

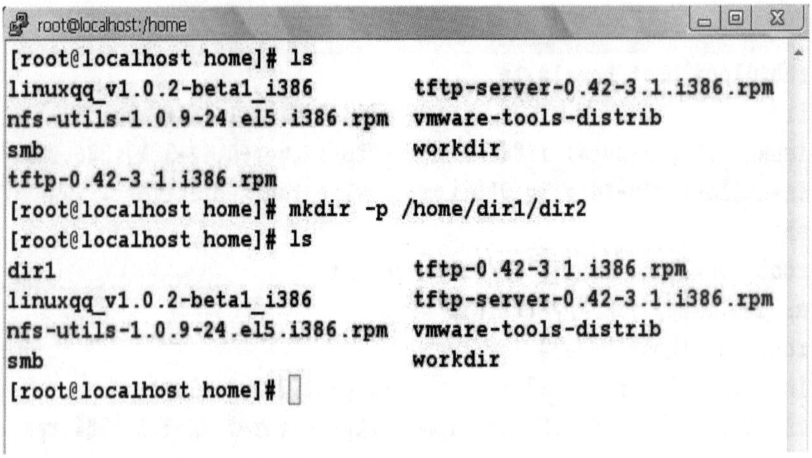

```
root@localhost:/home
[root@localhost home]# ls
linuxqq_v1.0.2-beta1_i386        tftp-server-0.42-3.1.i386.rpm
nfs-utils-1.0.9-24.el5.i386.rpm  vmware-tools-distrib
smb                              workdir
tftp-0.42-3.1.i386.rpm
[root@localhost home]# mkdir -p /home/dir1/dir2
[root@localhost home]# ls
dir1                             tftp-0.42-3.1.i386.rpm
linuxqq_v1.0.2-beta1_i386        tftp-server-0.42-3.1.i386.rpm
nfs-utils-1.0.9-24.el5.i386.rpm  vmware-tools-distrib
smb                              workdir
[root@localhost home]# 
```

图 2.11　使用命令 mkdir

（9）cd 命令。

cd 命令用于改变工作目录，用法：cd 目录名

例：使用 cd 命令进入/home 目录，如图 2.12 所示，命令如下：

#cd /home/

```
root@localhost:/home
[root@localhost ~]# cd /home
[root@localhost home]# 
```

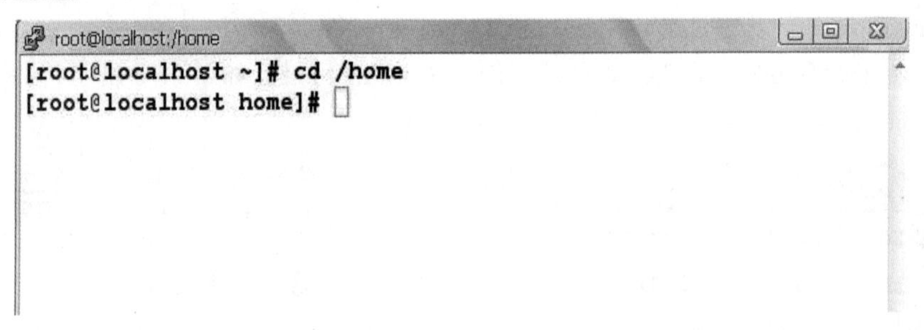

图 2.12　cd 命令

（10）pwd 命令。

pwd 命令用于查看当前路径，用法：pwd

例：使用 pwd 命令显示当前工作目录的绝对路径，如图 2.13 所示，命令如下：

#pwd

```
root@localhost:/home
[root@localhost home]# pwd
/home
[root@localhost home]# 
```

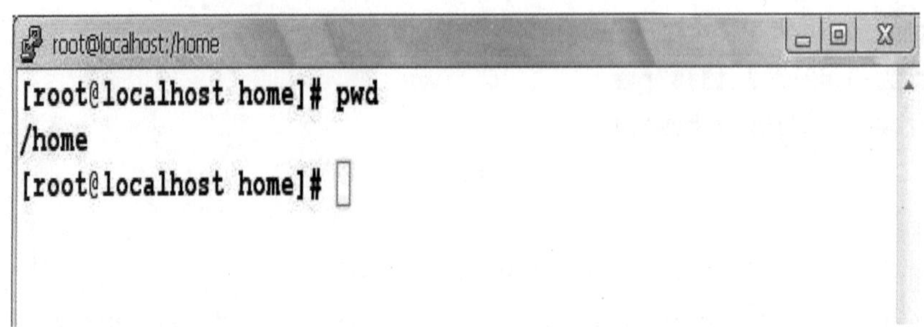

图 2.13　pwd 命令

（11）ls 命令。

ls 命令用于常看目录，用法：ls [选项] [目录或文件]

例：使用 ls 命令显示/home 目录下的文件与目录（不包含隐藏文件），如图 2.14 所示，命令如下：

#ls /home

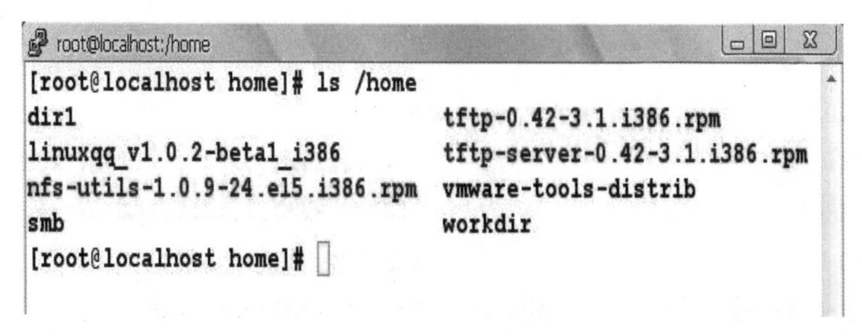

图 2.14　ls 命令

例：使用 ls 命令显示/home 目录下的所有文件与目录（包含隐藏文件），如图 2.15 所示，命令如下：

#ls –a /home

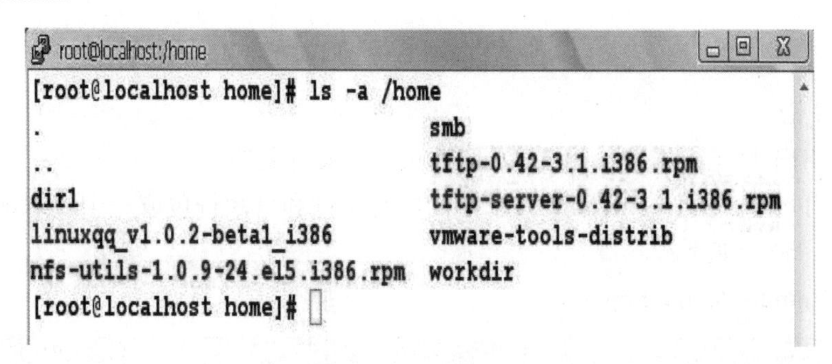

图 2.15　使用 ls 命令

例：使用 ls 命令显示/home 目录下的文件与目录的详细信息，如图 2.16 所示，命令如下：

#ls –l /home

```
root@localhost:/home
[root@localhost home]# ls -l /home
总计 420
drwxr-xr-x 3 root      root        4096 03-08 21:33 dir1
drwxr-xr-x 2 nfsnobody nfsnobody   4096 10-27 14:53 linuxqq_v1.
0.2-beta1_i386
-rw-r--r-- 1 root      root      348103 03-03 11:27 nfs-utils-1
.0.9-24.el5.i386.rpm
drwx------ 2 smb       smb         4096 03-08 21:17 smb
-rw-r--r-- 1 root      root       21509 03-03 10:05 tftp-0.42-3
.1.i386.rpm
-rw-r--r-- 1 root      root       28797 03-03 10:05 tftp-server
-0.42-3.1.i386.rpm
drwxr-xr-x 7 root      root        4096 2008-09-19 vmware-tools
-distrib
drwxr-xr-x 2 root      root        4096 03-08 21:33 workdir
[root@localhost home]#
```

图 2.16　使用 ls 命令显示详细信息

例：使用 ls 命令显示/home 目录下的文件与目录，按修改时间顺序显示，如图 2.17 所示，命令如下：

#ls –c /home

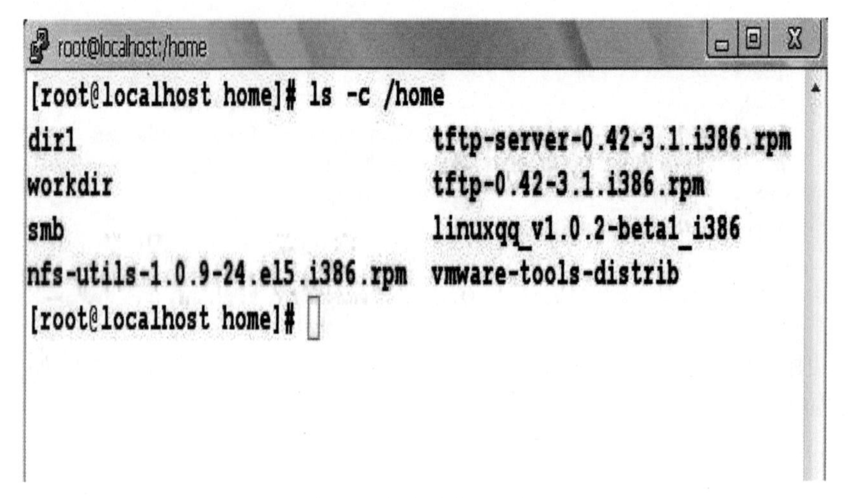

图 2.17　使用 ls 命令按修改时间顺序显示

（12）tar 命令。

tar 命令用于打包与压缩，用法：tar [选项]　目录或文件

例：使用 tar 命令将/home/tmp 目录下的所有文件和目录打包成一个 tmp.tar 文件，如图 2.18 所示，命令如下：

#tar cvf tmp.tar /home/tmp

图 2.18　tar 命令

例：使用 tar 命令将打包文件 tmp.tar 在当前目录下解开，如图 2.19 所示，命令如下：

#tar xvf tmp.tar

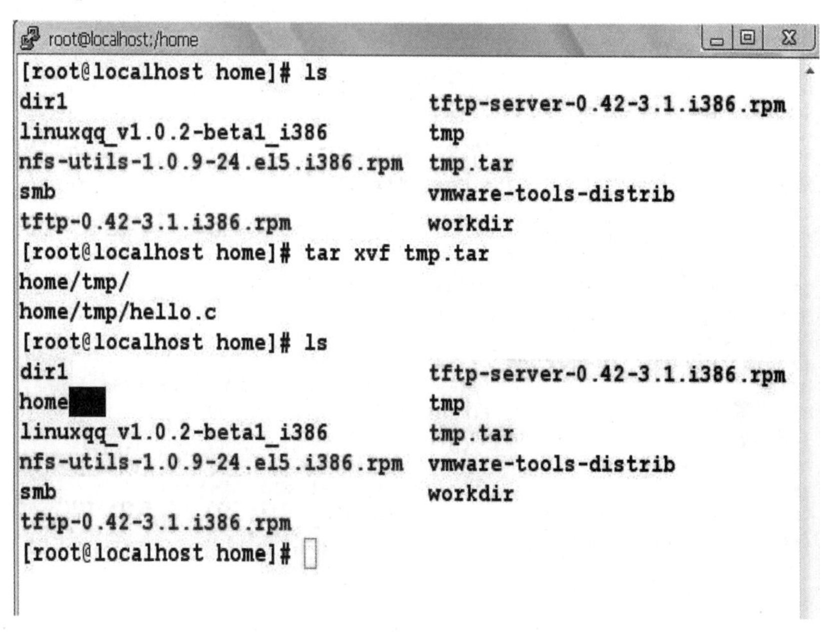

图 2.19　使用 tar 命令

例：使用 tar 命令将/home/tmp 目录下的所有文件和目录打包并压缩成一个 tmp.tar.gz 文件，如图 2.20 所示，命令如下：

#tar cvzf tmp.tar.gz /home/tmp

图 2.20　使用 tar 命令打包并压缩

例：使用 tar 命令将打包压缩文件 tmp.tar.gz 在当前目录下解开，如图 2.21 所示，命令如下：

#tar xvzf tmp.tar.gz

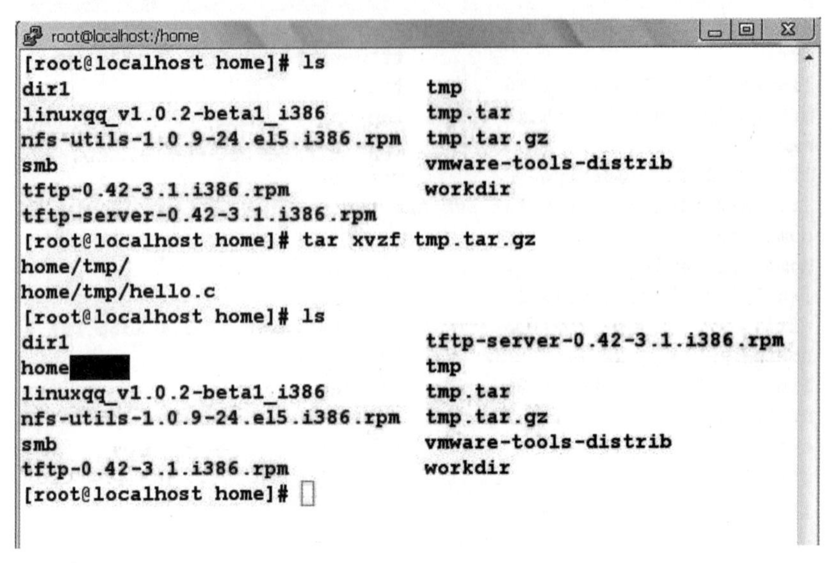

图 2.21　使用 tar 命令解开

（13）unzip 命令。

unzip 命令用于解压缩，用法：unzip [选项] 压缩文件名.zip

例：使用 unzip 命令解压 tmp.zip 文件，如图 2.22 所示，命令如下：

#unzip tmp.zip

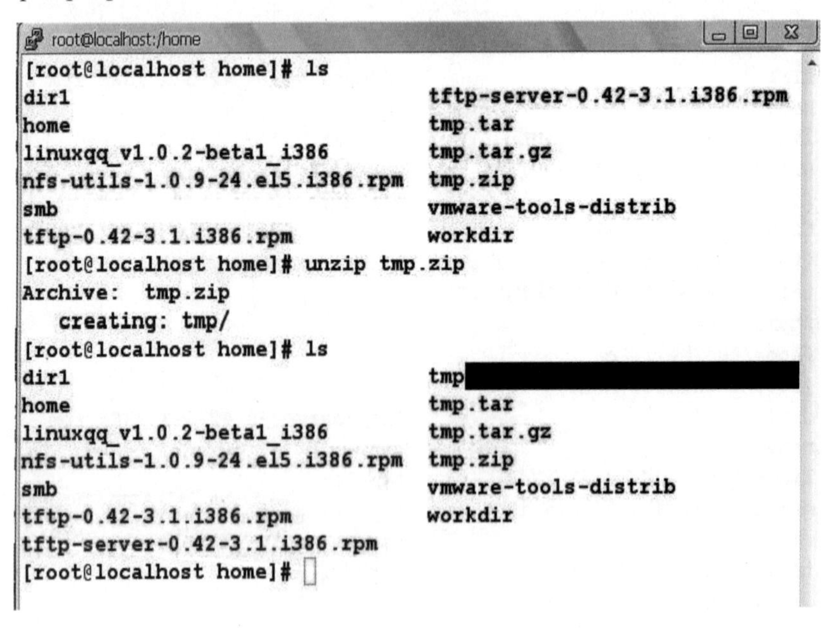

图 2.22　unzip 命令

（14）chmod 命令。

chmod 命令用于改变访问权限，用法：chmod [who] [+|-|=] [mode] 文件名

例：使用 chmod 命令给 hello.c 文件的所有者同组用户加上写的权限，如图 2.23 所示，命令如下：

#chmod g+w hello.c

```
root@localhost:/home/home/tmp
[root@localhost tmp]# ll
总计 4
-rw-r--r-- 1 root root 81 03-08 21:41 hello.c
[root@localhost tmp]# chmod g+w hello.c
[root@localhost tmp]# ll
总计 4
-rw-rw-r-- 1 root root 81 03-08 21:41 hello.c
[root@localhost tmp]#
```

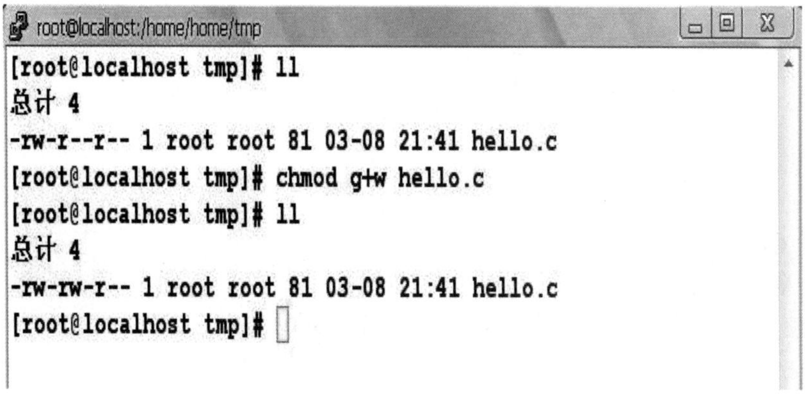

图 2.23　chmod 命令

例：使用 chmod 命令将文件 hello.c 的访问权限改变为文件所有者可读可写可执行、文件所有者同组的用户可读可写、其他用户可执行，如图 2.24 所示，命令如下：

#chmod 761 hello.c

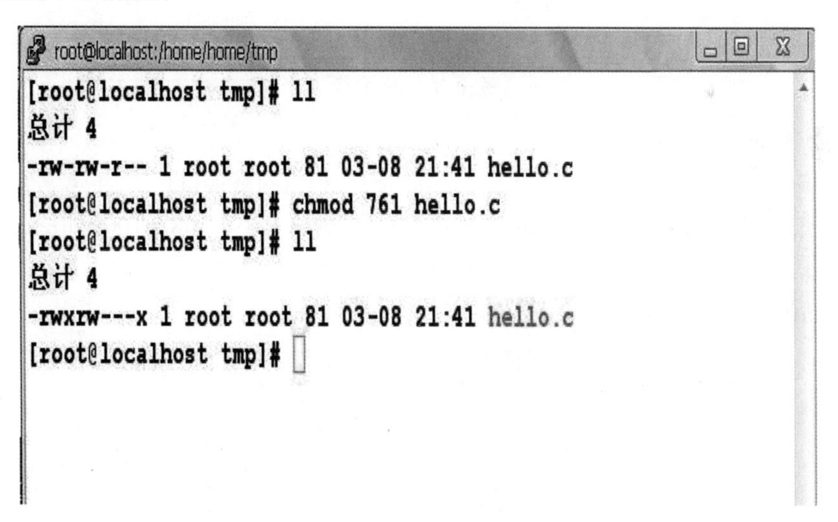

图 2.24　使用 chmod 命令

（15）df 命令。

df 命令用于查看磁盘使用情况，用法：df [选项]

例：使用 df 命令以 KB 为单位显示磁盘使用情况，如图 2.25 所示，命令如下：

#df –k

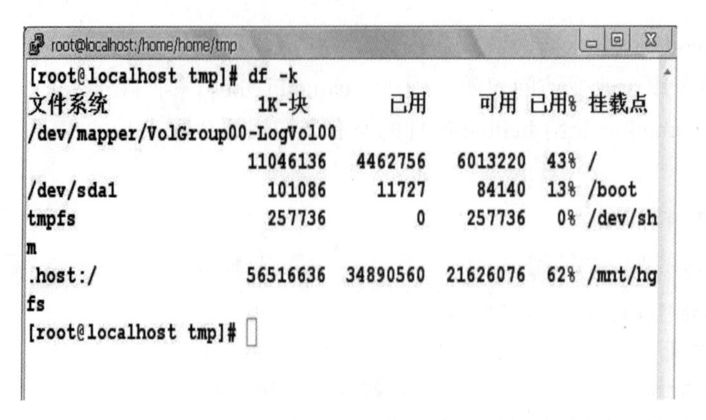

图 2.25　df 命令

（16）du 命令。

du 命令用于查看目录大小，用法：du [选项] 目录

例：使用 du 命令以字节为单位显示 ipc 这个目录的大小，如图 2.26 所示，命令如下：

#du –b ipc

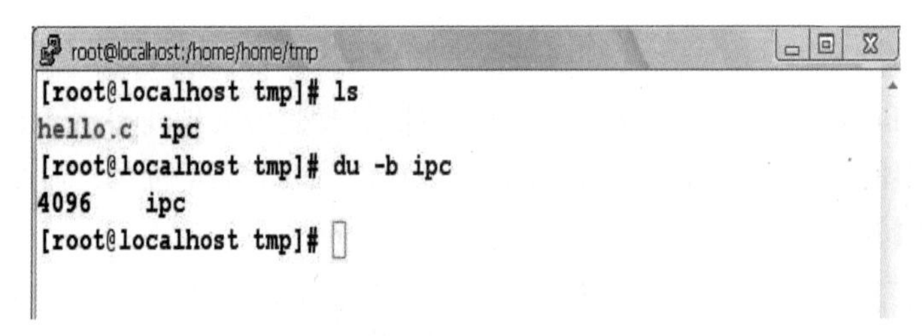

图 2.26　du 命令

（17）ifconfig 命令。

ifconfig 命令用于网络配置，用法：ifconfig [选项] [网络接口]

例：使用 ifconfig 命令配置 eth0 这一网卡的 ip 地址为 192.168.0.100，如图 2.27 所示，命令如下：

#ifconfig eth0 192.168.0.100

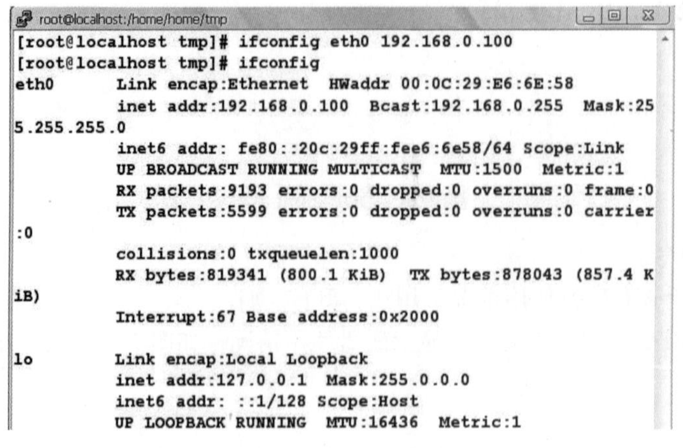

图 2.27　ifconfig 命令

例：使用 ifconfig 命令暂停 eth0 这一网卡的工作，命令如下：

#ifconfig eth0 down

例：使用 ifconfig 命令恢复 eth0 这一网卡的工作，命令如下：

#ifconfig eth0 up

（18）netstat 命令。

netstat 命令用于查看网络状态，用法：netstat [选项]

例：使用 netstat 命令查看系统中所有的网络监听端口，如图 2.28 所示，命令如下：

#netstat –a

```
root@localhost:/home/home/tmp
un/dbus/system_bus_socket
unix  3      [ ]         STREAM     CONNECTED     9300
unix  3      [ ]         STREAM     CONNECTED     9295
unix  3      [ ]         STREAM     CONNECTED     9294
unix  2      [ ]         DGRAM                    9292
unix  2      [ ]         DGRAM                    9273
unix  2      [ ]         DGRAM                    9091
unix  2      [ ]         DGRAM                    9064
unix  2      [ ]         DGRAM                    9041
unix  2      [ ]         DGRAM                    9011
unix  2      [ ]         DGRAM                    8952
unix  2      [ ]         DGRAM                    8813
unix  2      [ ]         DGRAM                    8749
unix  2      [ ]         DGRAM                    8698
unix  2      [ ]         DGRAM                    8657
unix  3      [ ]         STREAM     CONNECTED     8563     /var/r
un/dbus/system_bus_socket
```

图 2.28　netstat 命令

（19）grep 命令。

grep 命令用查找字符串，用法：grep [选项] 字符串

例：使用 grep 命令在当前目录及其子目录中，查找包含 file 字符串的文件，如图 2.29 所示，命令如下：

#grep　"file" ./ -rn

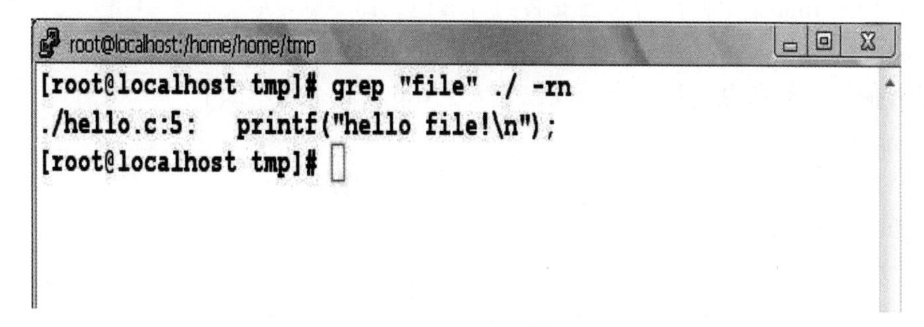

图 2.29　grep 命令

例：使用 grep 命令查看所有端口中用于 tftp 的端口，如图 2.30 所示，命令如下：

#netstat –a | grep tftp

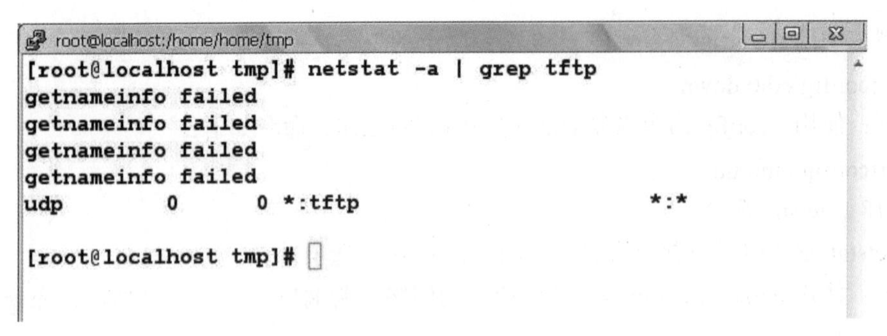

图 2.30 使用 grep 命令

（20）rpm 命令。

rpm 命令用于软件安装，用法：rpm [选项] [安装文件]

例：使用 rpm 命令安装名字为 tftp-server-0.42.1.i386 的文件，如图 2.31 所示，命令如下：

#rpm -ivh tftp-server-0.42.1.i386.rpm

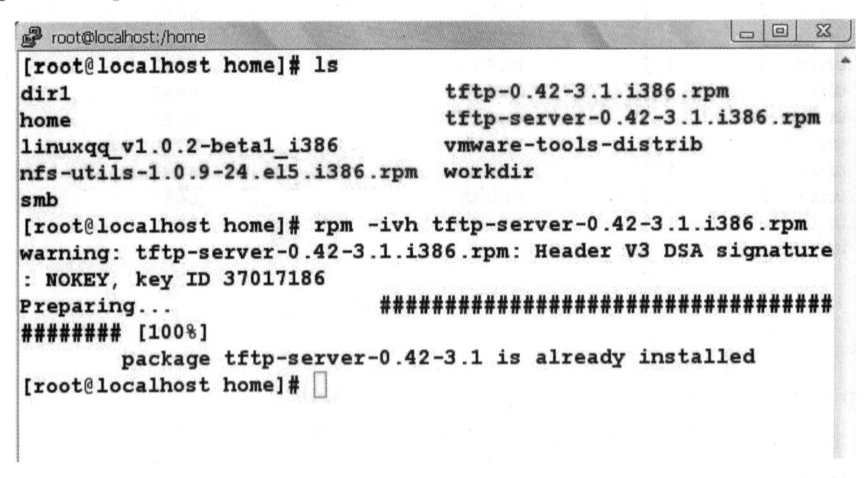

图 2.31 rpm 命令

例：使用 rpm 命令列出所有已安装的 rpm 包，命令如下：

#rpm –qa

例：使用 rpm 命令查找所有安装包中关于 tftp 的包，命令如下：

#rpm –qa | grep tftp

例：使用 rpm 命令卸载名字为 tftp-server-0.42-3.1 的 rpm 包，命令如下：

#rpm –e tftp-server-0.42-3.1

（21）mount 命令。

mount 命令用于挂载，用法：mount [选项] 设备源 目标目录

例：使用 mount 命令将光驱挂载到/mnt 目录下，如图 2.32 所示，命令如下：

#mount /dev/cdrom /mnt

```
root@localhost:~
[root@localhost ~]# ls /mnt
cdrom  hgfs  log.txt  putty.exe
[root@localhost ~]# mount /dev/cdrom /mnt
mount: block device /dev/cdrom is write-protected, mounting rea
[root@localhost ~]# ls /mnt
Cluster               README-te.html            RELEASE-NOTES-U1-e
ClusterStorage        README-zh_CN.html         RELEASE-NOTES-U1-e
EULA                  README-zh_TW.html         RELEASE-NOTES-U1-e
eula.en_US            RELEASE-NOTES-as.html     RELEASE-NOTES-U1-f
GPL                   RELEASE-NOTES-bn.html     RELEASE-NOTES-U1-g
images                RELEASE-NOTES-de.html     RELEASE-NOTES-U1-h
isolinux              RELEASE-NOTES-en          RELEASE-NOTES-U1-i
README-as.html        RELEASE-NOTES-en.html     RELEASE-NOTES-U1-j
README-bn.html        RELEASE-NOTES-es.html     RELEASE-NOTES-U1-k
README-de.html        RELEASE-NOTES-fr.html     RELEASE-NOTES-U1-k
README-en             RELEASE-NOTES-gu.html     RELEASE-NOTES-U1-m
README-en.html        RELEASE-NOTES-hi.html     RELEASE-NOTES-U1-m
README-es.html        RELEASE-NOTES-it.html     RELEASE-NOTES-U1-o
```

图 2.32　mount 命令

（22）umount 命令。

umount 命令用于卸载，用法：umount　目标目录

例：使用 umount 命令取消光驱在/mnt 下的挂载，如图 2.33 所示，命令如下：

umount /mnt

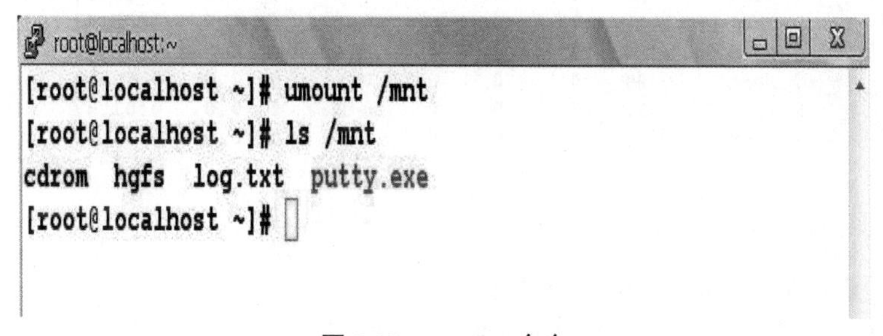

图 2.33　umount 命令

（23）find 命令。

find 命令用于查找文件，用法：find　路径　name '文件名'

例：使用 find 命令在当前目录及其子目录中寻找名为 smb 开头的文件，如图 2.34 所示，代码如下：

#find ./ -name 'smb*'

```
root@localhost:/home
[root@localhost home]# ls
a.out                              smb.zip
dir1                               t.cpp~
home                               tftp-0.42-3.1.i386.rpm
linuxqq_v1.0.2-beta1_i386          tftp-server-0.42-3.1.i386.rpm
nfs-utils-1.0.9-24.el5.i386.rpm    vmware-tools-distrib
smb                                workdir
smb.tar.gz
[root@localhost home]# find ./ -name 'smb*'
./smb.zip
./smb
./smb.tar.gz
[root@localhost home]#
```

图 2.34　find 命令

例：使用 find 命令在当前目录及其子目录中寻找名为 test 的文件，命令如下：

#find ./ -name 'test'

（24）top 命令。

top 命令用于动态查看 CPU 使用情况，用法：top

例：使用 top 命令查看系统中的进程对 cpu、内存等的占用情况，如图 2.35 所示，命令如下：

#top

```
root@localhost:/home
top - 10:13:31 up 10:42,  4 users,  load average: 0.00, 0.03,
Tasks: 134 total,   2 running, 131 sleeping,   0 stopped,   1
Cpu(s):  0.0%us,  0.2%sy,  0.0%ni, 99.8%id,  0.0%wa,  0.0%hi,
Mem:    515476k total,   474480k used,    40996k free,    7635
Swap:  1048568k total,        0k used,  1048568k free,   24033

  PID USER      PR  NI  VIRT  RES  SHR S %CPU %MEM    TIME+
 5394 root      15   0 69276  12m 9884 S    0  2.5   0:31.96
    1 root      15   0  2040  640  548 S    0  0.1   0:01.54
    2 root      RT   0     0    0    0 S    0  0.0   0:01.35
    3 root      34  19     0    0    0 S    0  0.0   0:00.00
    4 root      RT   0     0    0    0 S    0  0.0   0:00.01
    5 root      RT   0     0    0    0 S    0  0.0   0:00.47
    6 root      34  19     0    0    0 S    0  0.0   0:00.01
    7 root      RT   0     0    0    0 S    0  0.0   0:00.02
    8 root      10  -5     0    0    0 S    0  0.0   0:01.67
    9 root      10  -5     0    0    0 S    0  0.0   0:01.43
```

图 2.35　top 命令

（25）ps。

ps 命令用于查看进程，用法：ps [选项]

例：使用 ps 命令查看系统中的所有进程，命令如下：

#ps aux

（26）kill 命令。

kill 命令用于杀死进程，用法：kill [选项] 进程号

例：在一个终端运行命令 top，如图 2.36 所示。然后另一个终端运行命令 ps aux，查看到命令 top 产生的进程号，并使用 kill 命令杀掉这个进程，如图 2.37 所示。

#kill –s SIGKILL 15933

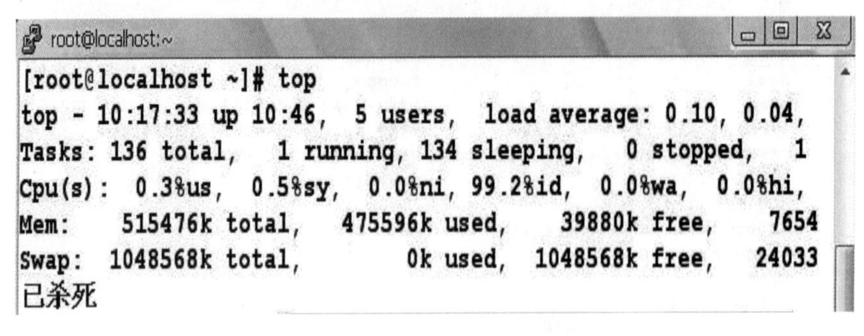

root@localhost:~
[root@localhost ~]# top
top - 10:17:33 up 10:46, 5 users, load average: 0.10, 0.04,
Tasks: 136 total,   1 running, 134 sleeping,   0 stopped,   1
Cpu(s): 0.3%us, 0.5%sy, 0.0%ni, 99.2%id, 0.0%wa, 0.0%hi,
Mem: 515476k total,   475596k used,   39880k free,   7654
Swap: 1048568k total,   0k used, 1048568k free,   24033
已杀死

图 2.36　使用 kill 命令

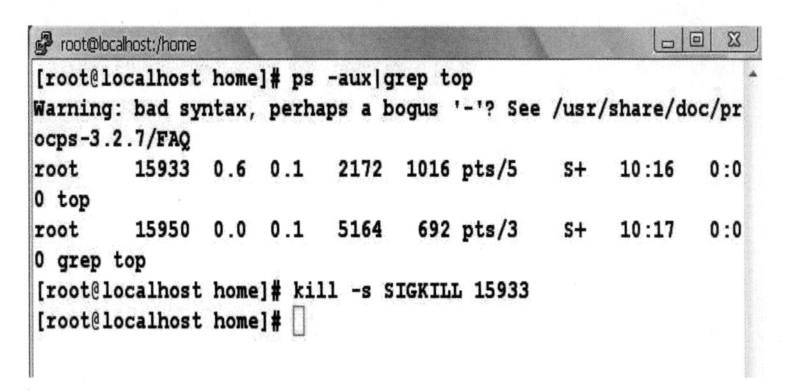

图 2.37　kill 命令

（27）man 命令。

man 命令用于查看命令或者函数的使用信息，用法：man 命令名

例：使用 man 命令查看 grep 命令的使用方法，命令如下：

#man grep

- **上机报告要求：**

记录上机过程中所使用到的基本命令及其作用（至少 10 条）。

2.2　实验 2：VI 编辑器的使用

- **实验目的：**

学会用 vi 编辑器。

- **实验要求：**

熟练使用本节所介绍的 vi 创建、编辑、保存文件。

- **实验器材：**

软件：安装了 Linux 的 vmware 虚拟机。

硬件：PC 机一台。

- **实验步骤：**

（1）在当前目录下键入命令 vi hello.c 创建名为 hello.c 的文件，如图 2.38 所示。

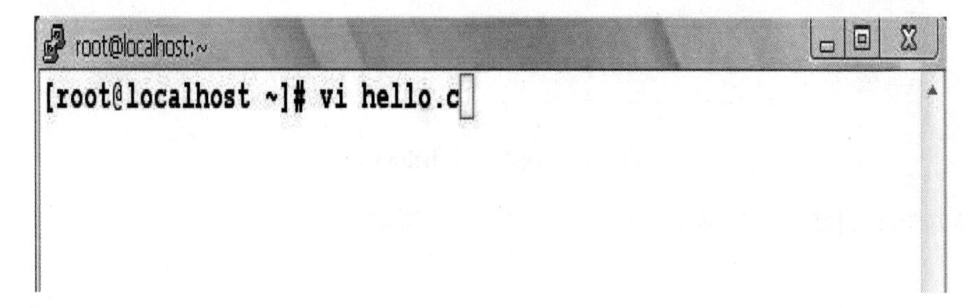

图 2.38　创建名为 hello.c 的文件

（2）键入 i 进入插入模式，如图 2.39 所示。

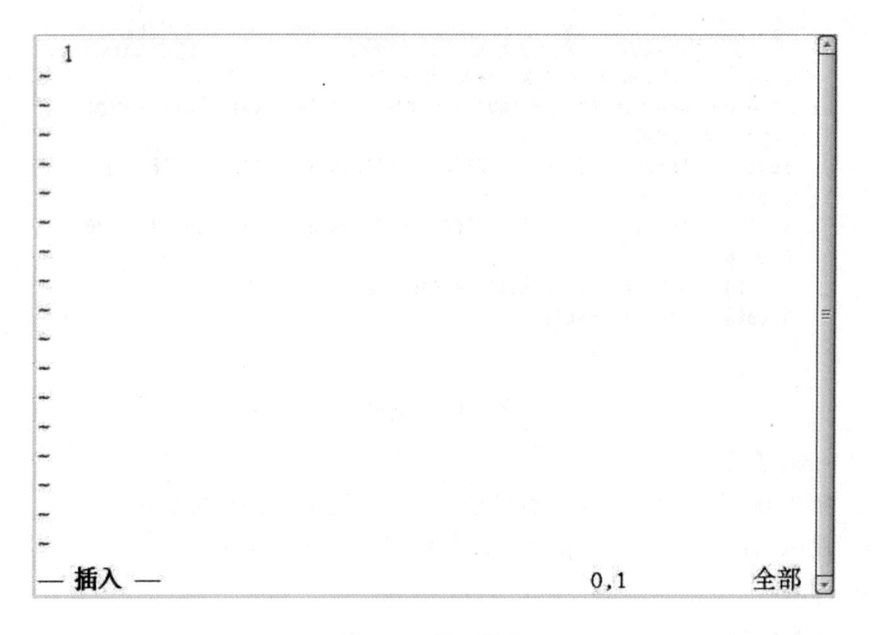

图 2.39　插入模式

（3）在插入模式下输入文字 hello word!，如图 2.40 所示。

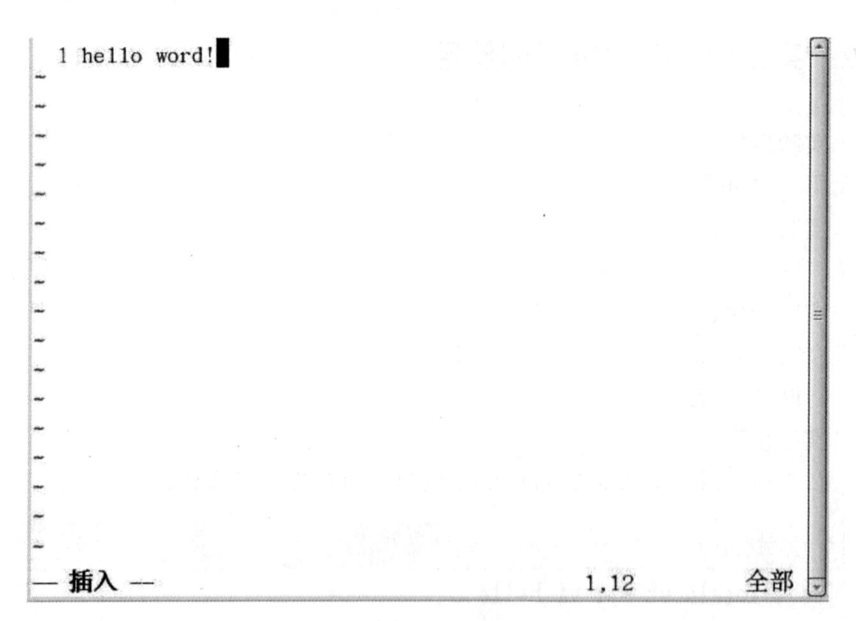

图 2.40　输入文字 hello word

（4）按[Esc]键退出到命令行模式，如图 2.41 所示。

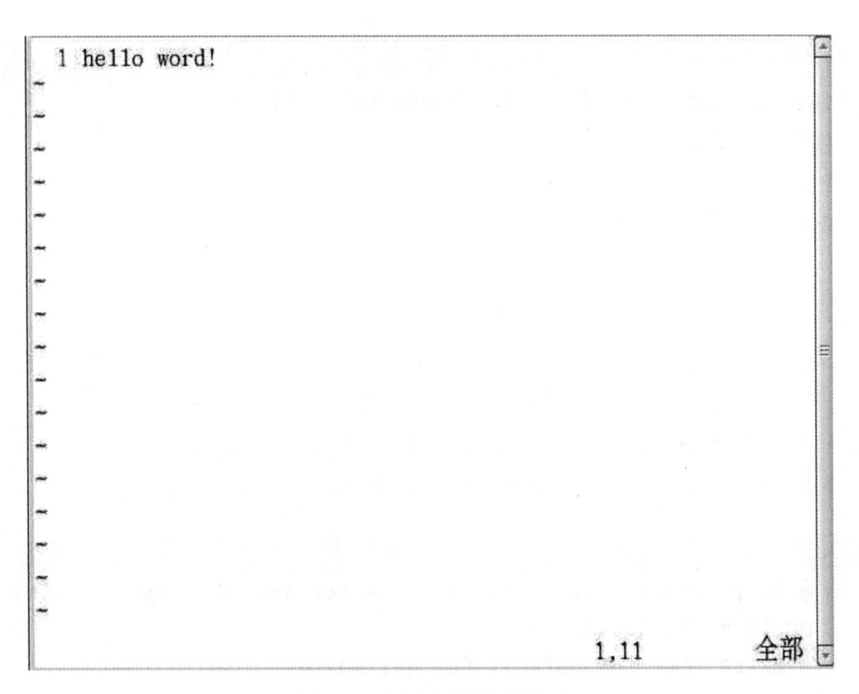

图 2.41　退出到命令行模式

（5）按 shift+；键，即：键进入底行模式。

（6）键入 wq 保存退出，如图 2.42 所示。

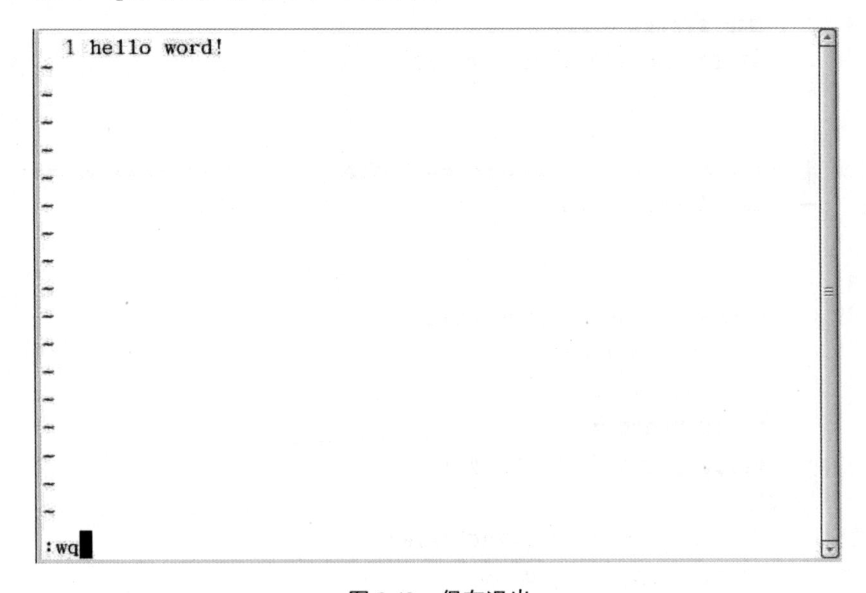

图 2.42　保存退出

（7）将文件/etc/samba/smb.conf 拷贝到当前目录下，下面的实验步骤是为了让大家能够熟练使用 vi 中的常见操作。

命令：cp /etc/samba/smb.conf ./，如图 2.43 所示。

```
[root@localhost smb]# cp /etc/samba/smb.conf ./
[root@localhost smb]# ls
smb.conf
[root@localhost smb]# 
```

图 2.43　拷贝到当前目录

（8）用 vi 打开文件 smb.conf，设定显示行号，指出“Share Definitions”的所在行号。在底行模式下，输入：set nu 显示行号，如图 2.44 所示。

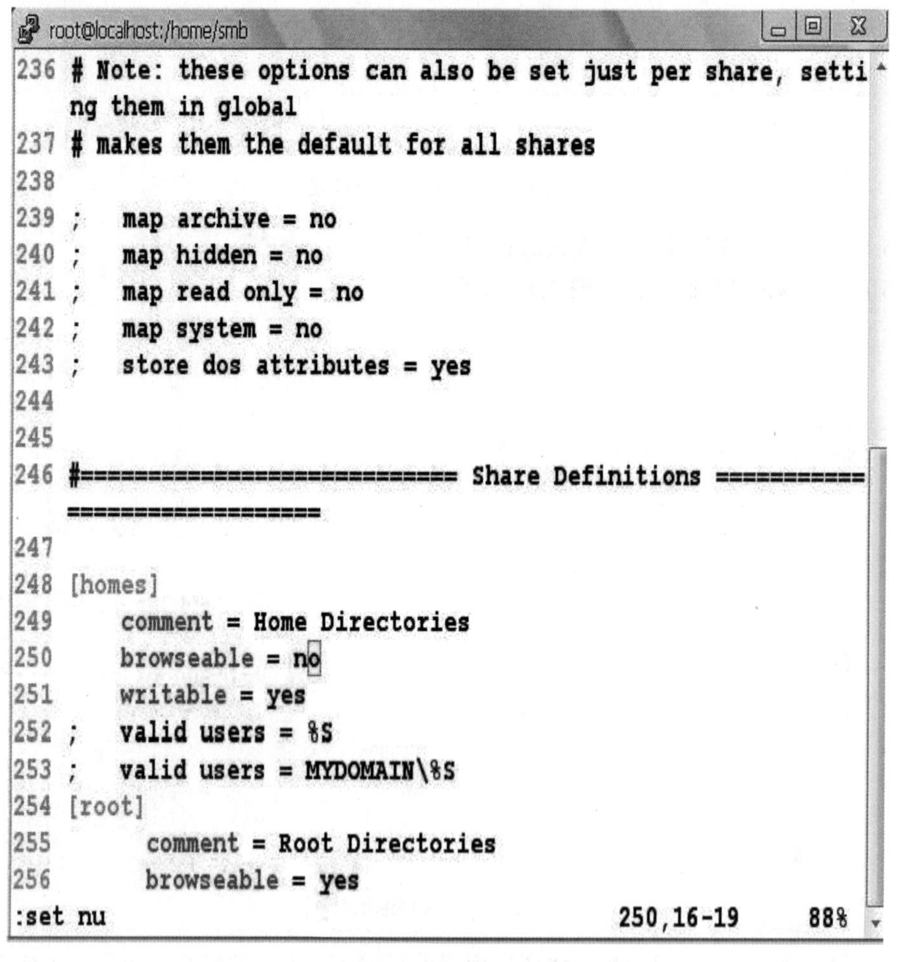

root@localhost:/home/smb
236 # Note: these options can also be set just per share, setting them in global
237 # makes them the default for all shares
238
239 ;   map archive = no
240 ;   map hidden = no
241 ;   map read only = no
242 ;   map system = no
243 ;   store dos attributes = yes
244
245
246 #============================ Share Definitions ==============================
247
248 [homes]
249   comment = Home Directories
250   browseable = no
251   writable = yes
252 ;   valid users = %S
253 ;   valid users = MYDOMAIN\%S
254 [root]
255   comment = Root Directories
256   browseable = yes
:set nu
250,16-19
88%

图 2.44　用 vi 打开文件设定显示行号

这样就可以看到“Share Definitions”所在的行为 250 行。

（9）将光标移动到 248 行。

命令：248G
即在命令行模式下输入 248shift+g，如图 2.45 所示。

```
246 #============================ Share Definitions ===========
    ===================
247
248 [homes]
249     comment = Home Directories
250     browseable = no
251     writable = yes
252 ;   valid users = %S
253 ;   valid users = MYDOMAIN\%S
254 [root]
255       comment = Root Directories
256       browseable = yes
257       writable = yes
258       path = /
259       valid users = smb
                                         248,1         89%
```

图 2.45　光标移动到 248 行

（10）复制该行以下 6 行内容。
命令：6yy，如图 2.46 所示。

```
247
248 [homes]
249     comment = Home Directories
250     browseable = no
251     writable = yes
252 ;   valid users = %S
253 ;   valid users = MYDOMAIN\%S
254 [root]
255       comment = Root Directories
256       browseable = yes
257       writable = yes
258       path = /
259       valid users = smb
复制了 6 行                              248,7         89%
```

图 2.46　复制该行以下 6 行内容

（11）将光标移动到最后一行行首。
命令：G，即 shift+g，如图 2.47 所示。

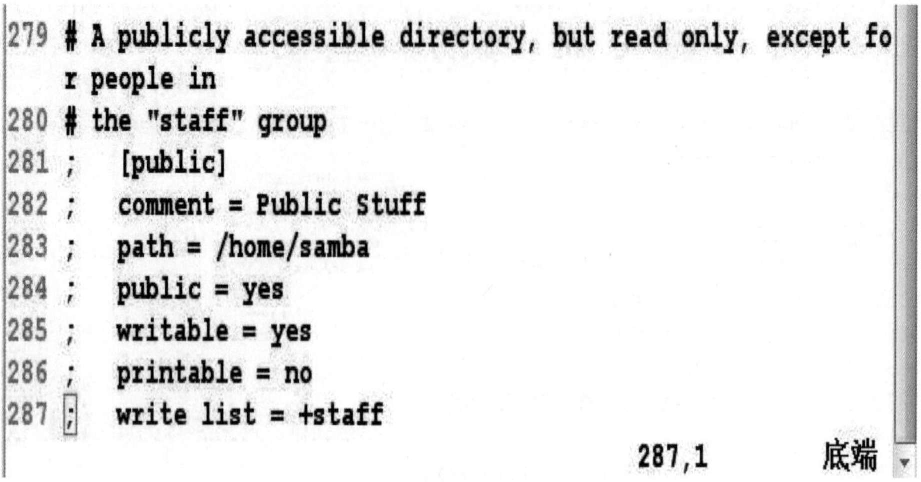

```
279 # A publicly accessible directory, but read only, except fo
    r people in
280 # the "staff" group
281 ;   [public]
282 ;   comment = Public Stuff
283 ;   path = /home/samba
284 ;   public = yes
285 ;   writable = yes
286 ;   printable = no
287 ;   write list = +staff
                                          287,1         底端
```

图 2.47　光标移动到最后一行行首

（12）粘贴复制的内容。

命令：p

（13）删除第 12 步粘贴的 6 行。

命令：6dd，如图 2.48 所示。

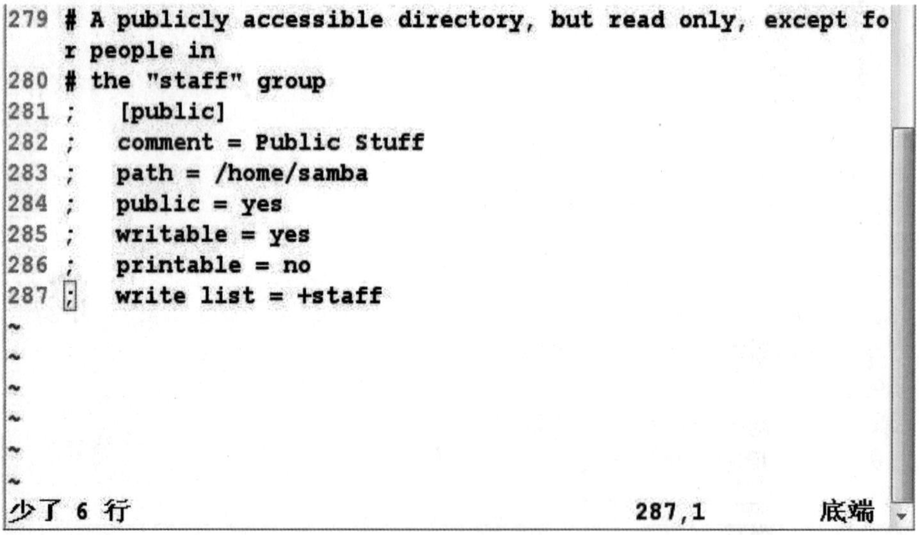

```
279 # A publicly accessible directory, but read only, except fo
    r people in
280 # the "staff" group
281 ;   [public]
282 ;   comment = Public Stuff
283 ;   path = /home/samba
284 ;   public = yes
285 ;   writable = yes
286 ;   printable = no
287 ;   write list = +staff
~
~
~
~
~
~
少了 6 行                                  287,1         底端
```

图 2.48　删除 6 行

（14）撤销第 13 步的操作。

命令：u，如图 2.49 所示。

```
283 ;    path = /home/samba
284 ;    public = yes
285 ;    writable = yes
286 ;    printable = no
287 ;    write list = +staff
288 [homes]
289      comment = Home Directories
290      browseable = no
291      writable = yes
292 ;    valid users = %S
293 ;    valid users = MYDOMAIN\%S
6 行被加入; be...2  43 seconds ago          288,7          底端
```

图 2.49　撤销操作

（15）查找字符串“Share Definitions”。

命令：/Share Definitions，如图 2.50 所示。

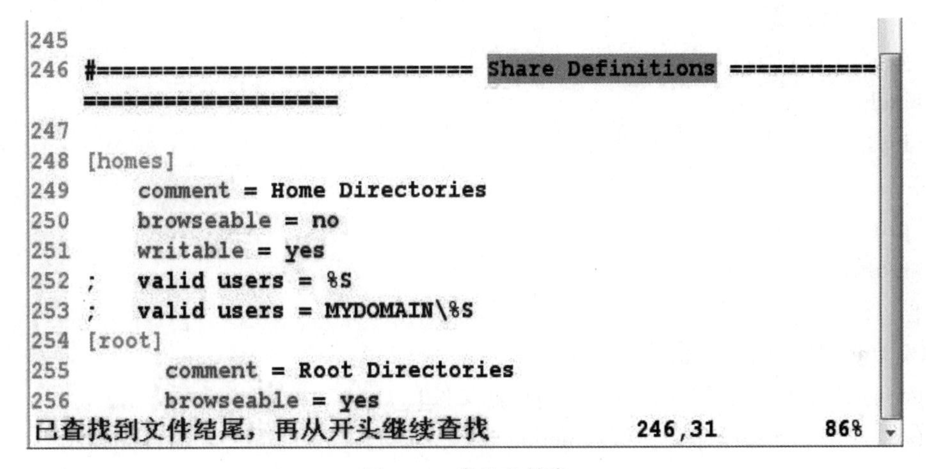

```
245
246 #============================ Share Definitions ===========
    ====================
247
248 [homes]
249      comment = Home Directories
250      browseable = no
251      writable = yes
252 ;    valid users = %S
253 ;    valid users = MYDOMAIN\%S
254 [root]
255         comment = Root Directories
256         browseable = yes
已查找到文件结尾，再从开头继续查找          246,31          86%
```

图 2.50　查找字符串

（16）强制退出 vi，不存盘。

命令：:q!，如图 2.51 所示。

```
246 #============================ Share Definitions ===========
    ====================
247
248 [homes]
249      comment = Home Directories
250      browseable = no
251      writable = yes
252 ;    valid users = %S
253 ;    valid users = MYDOMAIN\%S
254 [root]
255         comment = Root Directories
256         browseable = yes
:q!
```

图 2.51　强制退出

● **上机报告要求：**

vi有哪三种工作模式？如何切换？

2.3 实验3：gcc编译器的使用

● **实验目的：**

学会使用gcc编译器。

● **实验要求：**

编写一应用程序，使用gcc进行编译，并分别使用-o，-g，-static，-o2等选项。

● **实验器材：**

软件：安装了Linux的vmware虚拟机。

硬件：PC机一台。

● **实验步骤：**

（1）先用vi编辑hello.c文件，内容如下：

```
#include <stdio. h>
 int main(void)
{
 printf("hello world\n");
 return 0;
}
```

（2）gcc指令的一般格式为：

gcc [选项] 要编译的文件 [选项] [目标文件]

例：使用gcc编译命令，编译hello.c生成可执行文件hello，并运行hello。

```
[root@localhost gcc]# vi hello.c
[root@localhost gcc]# gcc hello. c -o hello
[root@localhost gcc]# ./hello
 hello world
[root@localhost gcc]#
```

上面的命令将.c文件生成了可执行文件。gcc的4个编译流程：预处理、编译、汇编、连接一步完成，下面将介绍4个流程分别做了什么工作。

（3）-E选项的作用：只进行预处理，不做其他处理。

例：只对hello.c文件进行预处理，生成文件hello.i，并查看。

```
[root@localhost gcc]# gcc -E hello.c -o hello. i
[root@localhost gcc]# ls
 hello   hello. c hello. i
```

通过查看可以看到头文件包含部分代码#include <stdio.h>。经过预处理阶段之后，编译器已将stdio.h的内容贴了进来。

（4）-S 选项的作用：只是编译不汇编，生成汇编代码。

例：将 hello.i 文件只进行编译而不进行汇编，生成汇编代码 hello.s。

[root@localhost gcc]#gcc -S hello.i – o hello.s

[root@localhost gcc]# ls

hello hello. c hello. i hello. s

[root@localhost gcc]#

（5）-c 选项的作用：只是编译不链接，生成目标文件.o。

例：将汇编代码 hello.s 只编译不链接成 hello.o 文件。

[root@localhost gcc]# gcc -c hello. s -o hello.o

[root@localhost gcc]# ls

hello hello. c hello. i hello. o hello. s

（6）将编译好的 hello.o 链接库，生成可执行文件 hello。

[root@localhost gcc]# gcc hello. o - hello

[root@localhost gcc]# ls

hello hello. c hello. i hello. hello. s

[rootalocalhost gcc]#./hello

hello world

（7）-static 选项的作用：链接静态库。

例：比较 hello.c 链接动态库生成的可执行文件 hello 和链接静态库生成的可执行文件 hello1 的大小，如图 2.52 所示。

```
[root@localhost gcc]# gcc hello.c -o hello
[root@localhost gcc]# gcc -static hello.c -o hello1
[root@localhost gcc]# ll
total 636
-rwxr-xr-x 1 root root   4641 Jun  1 03:47 hello
-rwxr-xr-x 1 root root 605990 Jun  1 03:47 hello1
-rw-r--r-- 1 root root     75 Jun  1 03:15 hello.c
-rw-r--r-- 1 root root  18880 Jun  1 03:27 hello.i
-rw-r--r-- 1 root root    844 Jun  1 03:41 hello.o
-rw-r--r-- 1 root root    416 Jun  1 03:35 hello.s
```

图 2.52 链接静态库

可以看到静态链接库的可执行文件 hello1 比动态链接库的可执行文件 hello 要大得多，它们的执行效果是一样的。

（8）-g 选项的作用：在可执行程序中包含标准调试信息。

例：将 hello.c 编译成包含标准调试信息的可执行文件 hello2。

[root@localhost gcc]# gcc -g hello. c-o hello2

[root@localhost gcc]# ls

hello hello2 hello. i hello. s

hellol hello. c hello. o

带有标准调试信息的可执行文件可以使用 gdb 调试器进行调试，以便找出逻辑错误。

（9）-O2 选项的作用：完成程序的优化工作。

例：将 hello.c 用 O2 优化选项编译成可执行文件 hello3，与正常编译产生的可执行文件 hello 进行比较，如图 2.53 所示。

```
[root@localhost gcc]# gcc -O2 hello.c -o hello3
[root@localhost gcc]# ls
hello   hello2  hello.c  hello.o
hello1  hello3  hello.i  hello.s
[root@localhost gcc]# ./hello
hello world
[root@localhost gcc]# ./hello3
hello world
```

图 2.53　O2 选项的使用

2.4　实验 4：gdb 调试器的使用

- **实验目的：**

学会 gdb 调试器的使用。

- **实验要求：**

编写一应用程序，使用 gdb 调试，调试中使用本小节所介绍的所有命令。

- **实验器材：**

软件：安装了 Linux 的 vmware 虚拟机。

硬件：PC 机一台。

- **实验步骤：**

（1）先用 vi 编辑文件 test.c，用于 gdb 调试器调试，内容如下：

```
#include <stdio.h>
int main(void)
{
      int sum(int sum);
      int i,result=0;
      sum(100);
      for(i=1;i<=100;i++){
           result+=i;
      }
      printf("The sum in main function is %d\n",result);
      return 0;
}
int sum(int num)
{
      int i,n=0;
```

```
        for(i=0;i<=num;i++){
            n+=i;
        }
        printf("The sum in sum function is %d\n",n);
    }
```

（2）将 test.c 文件编译成包含标准调试信息的文件 test。

```
[root@localhost gdb]# gcc -g test. c -o test
[root@localhost gdb]# ls
 test test.c
```

（3）启动 gdb 进行调试，如图 2.54 所示。

```
[root@localhost gdb]# gdb test
GNU gdb Red Hat Linux (6.5-25.el5rh)
Copyright (C) 2006 Free Software Foundation, Inc.
GDB is free software, covered by the GNU General Public
 License, and you are
welcome to change it and/or distribute copies of it und
er certain conditions.
Type "show copying" to see the conditions.
There is absolutely no warranty for GDB.  Type "show wa
rranty" for details.
This GDB was configured as "i386-redhat-linux-gnu"...Us
ing host libthread_db library "/lib/i686/nosegneg/libth
read_db.so.1".

(gdb)
```

图 2.54 启动 gdb 进行调试

可以看到 gdb 启动界面中显示了 gdb 的版本、自由软件等信息，然后进入了有“gdb”开头的命令行界面。

（4）l（list）命令。

l 命令用于查看文件，如图 2.55 所示。

```
(gdb) list
1       #include <stdio.h>
2       int main(void)
3       {
4               int sum(int sum);
5               int i,result=0;
6               sum(100);
7               for(i=1;i<=100;i++){
8                       result+=i;
9               }
10              printf("The sum in main function is %d\
n",result);
(gdb) l
11              return 0;
12      }
13      int sum(int num)
```

图 2.55 l（list）命令

可以看到每行代码面前都有对应的行号，这样方便设置断点。

（5）b（breakpoint）命令。

b 命令用于设置断点，断点调试是调试程序的一个非常重要的手段，设置方法为：在“b”命令之后加上对应的行号，如图 2.56 所示。

```
(gdb) b 6
Breakpoint 2 at 0x804839c: file test.c, line 6.
```

图 2.56　b（breakpoint）命令

在 gdb 中可以设置多个断点。代码运行时会到断点对应的行之前暂停，在图 2.56 中，代码就会运行到第 7 行之前暂停（并没有运行第 7 行）。

（6）info 命令。

info 命令用于查看断点情况，设置好断点后可以用它来查看，如图 2.57 所示。

```
(gdb) b 7
Breakpoint 1 at 0x80483a8: file test.c, line 7.
(gdb) info b
Num Type           Disp Enb Address    What
1   breakpoint     keep y   0x080483a8 in main
                                       at test.c:7
(gdb) █
```

图 2.57　info 命令

（7）r（run）命令。

r 命令用于运行代码，默认是从首行开始运行，也可以在 r 后面加上行号，从程序中指定行开始运行，如图 2.58 所示。

```
(gdb) r
Starting program: /home/Linux C/test/gdb/test
The sum in sum function is 5050

Breakpoint 1, main () at test.c:7
7               for(i=1;i<=100;i++){
(gdb) █
```

图 2.58　r 命令运行代码加上行号

可以看到程序运行到断点处就停止了。

（8）p（print）命令。

p 命令用于查看变量的值，在调试时我们经常要查看某个变量当前的值与我们逻辑设定的值是否相同，输入 p+变量名即可，如图 2.59 所示。

```
(gdb) p result
$1 = 0
(gdb) p num
No symbol "num" in current context.
(gdb) p i
$2 = 2420724
(gdb) █
```

图 2.59　p（print）命令

可以看到 result 在第 6 行已被赋值为零，而 i 目前还没有被赋值，所以是一个随机数，在主函数里看不到 num 的值，只有进入子函数才能看到。

（9）s(step)命令。

s 命令用于单步运行，另外 n(next)命令也用于单步运行，它们的区别在于：如果有函数调用的时候，s 会进入该函数而 n 不会进入该函数，如图 2.60 所示。

```
Breakpoint 2, main () at test.c:6
6                sum(100);
(gdb) s
sum (num=100) at test.c:15
15               int i,n=0;
(gdb) █
```

```
(gdb) p num
$3 = 100
(gdb) █
```

图 2.60　s(step)命令

可以看到进入了 sum 子函数，这时候就能看到 num 的值为 100。

（10）n(next)命令。

n 命令用于单步运行，下面是 n 命令的使用，如图 2.61 所示。

```
Breakpoint 2, main () at test.c:6
6                sum(100);
(gdb) n
The sum in sum function is 5050
7                for(i=1;i<=100;i++){
(gdb) █
```

图 2.61　n(next)命令

与 s 命令的运行效果对比会发现，使用 n 命令后，程序显示函数 sum 的运行结果并向下执行，而使用 s 命令后则会进入到 sum 函数之中单步运行。

（11）finish 命令。

finish 命令用于运行程序，直到当前函数结束。例如，当进入了 sum 函数，使用 finish 命令的情况如图 2.62 所示。

```
Breakpoint 2, main () at test.c:6
6               sum(100);
(gdb) s
sum (num=100) at test.c:15
15              int i,n=0;
(gdb) p num
$4 = 100
(gdb) finish
Run till exit from #0  sum (num=100) at test.c:15
The sum in sum function is 5050
main () at test.c:7
7               for(i=1;i<=100;i++){
Value returned is $5 = 32
(gdb)
```

图 2.62　finish 命令

当调试时如果觉得某个函数存在问题，进入函数调试之后发现问题不在这个函数，那么就可以使用 finish 命令运行程序，直到当前函数结束。

（12）c 命令用于恢复程序的运行。例如，在一个程序中设置了两个断点，如图 2.63 所示，而觉得问题不会在这两个断点之间的代码上，那么就可以在查看完第一个断点的变量及堆栈情况后，使用 c 命令恢复程序的正常运行，代码就会停在第二个断点处，如图 2.64 所示。

```
(gdb) b 5
Breakpoint 4 at 0x8048395: file test.c, line 5.
(gdb) b 12
Breakpoint 5 at 0x80483d9: file test.c, line 12.
(gdb) info b
Num Type           Disp Enb Address    What
4   breakpoint     keep y   0x08048395 in main
                                       at test.c:5
5   breakpoint     keep y   0x080483d9 in main
                                       at test.c:12
```

图 2.63　c 命令

```
(gdb) c
Continuing.
The sum in sum function is 5050
The sum in main function is 5050

Breakpoint 5, main () at test.c:12
12      }
(gdb) c
Continuing.

Program exited normally.
(gdb)
```

图 2.64　c 命令恢复程序

（13）q(quit)命令。

q 命令用于退出 gdb 调试器，如图 2.65 所示。

```
(gdb) q
[root@localhost gdb]#
```

图 2.65　q(quit)命令

2.5　实验 5：Makefile 文件的使用

- **实验目的：**

学会编写 Makefile 文件。

- **实验要求：**

实现一应用程序，该程序由两个 c 文件构成，使用 Makefile 来完成对该程序的编译。

- **实验器材：**

软件：安装了 Linux 的 vmware 虚拟机。

硬件：PC 机一台。

- **实验步骤：**

Makefile 文件的编写步骤如下：

（1）先用 vi 编辑一个简单的 c 程序，由三个文件组成。

① 文件 fun.c 内容。

```
#include "fun.h"

int max_fun(int x,int y)
{
      if(x>=y)
          return x;
      else
          return y;
}
```

② 文件 main.c 内容。

```
#include "fun.h"

int main(void)
{
      int a,b;
      printf("Please enter the number a and b\n");
      scanf("%d%d",&a,&b);
      int max=0;
```

```
    max=max_fun(a,b);
    printf("The max number is %d\n",max);
    return 0;
}
```

③ 文件 fun.h 内容。

```
#include <stdio.h>
extern int max_fun(int x,int y);
```

（2）使用 gcc 编译命令直接编译出可执行文件 main，并运行查看结果，如图 2.66 所示。

```
[root@localhost makefile]# gcc main.c fun.c -o main
[root@localhost makefile]# ls
fun.c  fun.h  main  main.c
[root@localhost makefile]# ./main
Please enter the number a and b
12
56
The max number is 56
[root@localhost makefile]#
```

图 2.66　gcc 编译命令直接编译出可执行文件并查看结果

（3）用 vi 编辑 makefile，内容如下：

```
main:main.o fun.o
    gcc main.o fun.o -o main
main.o:main.c fun.h
    gcc -c main.c -o main.o
fun.o:fun.c fun.h
    gcc -c fun.c -o fun.o
clean:
    rm -f main *.o
```

（4）退出并保存，在 shell 中键入 make，查看并运行产生的可执行文件 main，如图 2.67 所示。

```
[root@localhost makefile]# make
gcc -c main.c -o main.o
gcc -c fun.c -o fun.o
gcc main.o fun.o -o main
[root@localhost makefile]# ls
fun.c  fun.h  fun.o  main  main.c  main.o  makefile
[root@localhost makefile]# ./main
Please enter the number a and b
23
67
The max number is 67
[root@localhost makefile]# 
```

图 2.67　运行产生的可执行文件 main

（5）用 vi 打开 makefile 进行改写，用变量进行替换，经变量替换后的 makefile 如下：

```
OBJS=main.o fun.o
CC=gcc
CFLAGS=-c
main:$(OBJS)
	$(CC) $(OBJS) -o main
main.o:main.c fun.h
	$(CC) $(CFLAGS) main.c -o main.o
fun.o:fun.c fun.h
	$(CC) $(CFLAGS) fun.c -o fun.o
clean:
	rm -f main *.o
```

退出并保存后，在 shell 中执行 make 和 make clean 命令的效果与前面第 4 步是一样的。

（6）改写 makefile，使用自动变量，改写后的情况如下：

```
OBJS=main.o fun.o
CC=gcc
CFLAGS=-c
main:$(OBJS)
	$(CC) $(OBJS) -o $@
main.o:main.c fun.h
	$(CC) $(CFLAGS) $< -o $@
fun.o:fun.c fun.h
	$(CC) $(CFLAGS) $< -o $@
clean:
	rm -f main *.o
```

退出并保存后，在 shell 中执行 make 和 make clean 命令的效果与前面一样。

- **上机报告要求：**

1. 总结选项-o，-E，-S，-c，-static，-g 的作用。

-o 选项的作用：指定目标文件名称。

-E 选项的作用：只进行预处理，不做其他处理。

-S 选项的作用：只是编译不汇编，生成汇编代码。

-c 选项的作用：只是编译不连接，生成目标文件.o。

-static 选项的作用：链接静态库。

-g 选项的作用：在可执行程序中包含标准调试信息。

2. 启动 gdb 的方式有几种？分别如何启动？

（1）gdb +调试程序名。

（2）gdb file 调试程序名。

3. 总结 gdb 中 s（step）命令与 n（next）命令的区别？finish 命令与 quit 命令的区别？

s 命令用于单步运行，另外 n 命令也用于单步运行，它们的区别在于：如果有函数调用的时候，s 会进入该函数而 n 不会进入该函数。

finish 命令用于运行程序，直到当前函数结束。

q 命令用于退出 gdb 调试器。

4. 编写 makefile 文件的三大构成要素是什么？分析第三个步骤的 makefile，指出这三大要素分别对应的具体代码？

目标：依赖 命令

```
main: main.o fun.o
(Tab)gcc main.o fun.o -o main
main.o: main.c fun.h
(Tab)gcc -c main.c -o main.o
fun.o: fun.c fun.h
(Tab)gcc -c fun.c -o fun.o
Clean:
(Tab)rm -f main *.o
```

2.6 实验 6：文件编程

- **实验目的：**

学会创建文件，并制定文件访问属性；

学会使用 C 库函数和 Linux 系统调用，并理解它们的区别。

- **实验要求：**

编写应用程序，创建一可读可写的文件；

使用库函数，实现文件 copy 功能。

- **实验器材：**

软件：安装了 Linux 的 vmware 虚拟机。

硬件：PC 机一台。

- **实验步骤：**

（1）文件创建。

① 编写实验代码 file_creat.c。

```
#include <stdio.h>
#include <stdlib.h>
#include <sys/types.h>
#include <sys/stat.h>
#include <fcntl.h>

void    create_file(char *filename)
```

```
{
    /*创建的文件具有可读可写的属性*/
    if(creat(filename,0666)<0)
    {
        printf("create file %s failure!\n",filename);
        exit(EXIT_FAILURE);
    }
    else
    {
        printf("create file %s success!\n",filename);
    }
}

int main(int argc,char *argv[])
{
    /*判断入参有没有传入文件名 */
        if(argc<2)
    {
        printf("you haven't input the filename,please try again!\n");
        exit(EXIT_FAILURE);
    }
    create_file(argv[1]);
    exit(EXIT_SUCCESS);
}
```

② 编译应用程序 file_creat.c。

用 gcc 命令编译 file_create.c 后生成可执行文件 file_creat。

```
[root@localhost file]# gcc file_creat.c -o file_creat
[root@localhost file]# ls
file_creat  file_creat.c
```

③ 运行应用程序。

```
[root@localhost file]# ./file_creat test.txt
create file test.txt success!
[root@localhost file]# ls
file_creat  file_creat.c  test.txt
```

运行该程序后，可以发现在当前目录下产生了 test.txt 文件。

④ 该实验学习如何用 Linux 的系统调用创建一个文件，并设置文件的访问属性，文件操作是 Linux 应用编程的基础。

（2）文件拷贝。

① 编写实验代码 file_cp.c。

```
#include <string.h>
#include <strings.h>
#include <stdio.h>
#include <stdlib.h>
#define BUFFER_SIZE 1024
int main(int argc,char **argv)
{
    FILE *from_fd;
    FILE *to_fd;
    long file_len=0;
    char buffer[BUFFER_SIZE];
    char *ptr;

    /*判断入参*/
    if(argc!=3)
    {
        printf("Usage:%s fromfile tofile\n",argv[0]);
        exit(1);
    }

/* 打开源文件 */
if((from_fd=fopen(argv[1],"rb"))==NULL)
{
    printf("Open %s Error\n",argv[1]);
    exit(1);
}

/* 创建目的文件 */
if((to_fd=fopen(argv[2],"wb"))==NULL)
{
    printf("Open %s Error\n",argv[2]);
    exit(1);
}

/*测得文件大小*/
fseek(from_fd,0L,SEEK_END);
file_len=ftell(from_fd);
fseek(from_fd,0L,SEEK_SET);
```

```
    printf("from file size is=%d\n",file_len);

    /*进行文件拷贝*/
    while(!feof(from_fd))
    {
        fread(buffer,BUFFER_SIZE,1,from_fd);
        if(BUFFER_SIZE>=file_len)
        {
            fwrite(buffer,file_len,1,to_fd);
        }
        else
        {
            fwrite(buffer,BUFFER_SIZE,1,to_fd);
            file_len=file_len-BUFFER_SIZE;
        }
        //写入完成后清空缓冲区
        memset(buffer,0,BUFFER_SIZE);
    }
    fclose(from_fd);
    fclose(to_fd);
    exit(0);
    }
```

② 编译应用程序 file_cp.c。

```
[root@localhost file]# gcc file_cp.c -o file_cp
```

③ 运行应用程序。

```
[root@localhost file]# ./file_cp file_cp.c test.c
from file size is=1073
[root@localhost file]# ls
file_cp     file_creat     test.c
file_cp.c   file_creat.c   test.txt
```

将 file_cp.c 拷贝为 test.c，可以看到运行程序后文件夹出现了 test.c，与 file_cp.c 大小和内容都一样。

④ 要注意区分用 C 库函数和 Linux 系统调用对文件操作的方法。比如 C 库函数 fread 就没有像 Linux 系统调用 read 函数那样返回成功读取了多少个字节，因此只有清楚它们之间的区别，才能熟练运用。

- **上机报告要求：**

编写一应用程序实现如下功能：使用 open()函数创建一个名为 file.txt，权限为 666 的文件，并向其中写入字符串“hello world”，然后使用 read()函数把写入的内容读取出来并在终端上显示输出。

```
#include <stdio.h>
#include <sys/types.h>
#include <sys/stat.h>
#include <fcntl.h>
#include <unistd.h>
#include <string.h>
int main() {
    int fd = -1;
    fd = open("zhidao_561804018.dat", O_CREAT | O_TRUNC | O_RDWR, 0666);
    if (fd < 0) {
        perror("open");
        return -1;
    }
    char buff[64];
    strcpy(buff, "Hello!I am writing to this file!");
    int count = strlen(buff);
    if (write(fd, buff, count) < 0) {
        perror("write");
        return -1;
    }
    if (lseek(fd, 0, SEEK_SET) < 0) {
        perror("lseek");
        return -1;
    }
    if (read(fd, buff, 10) < 0) {
        perror("read");
        return -1;
    }
    buff[10] = 0x00;
    printf("%s\n", buff);
    if (fd > 0) {
        close(fd);
        fd = -1;
    }
    return 0;
}
```

分别写出 open()、read()、write()、close()函数的函数原型、功能、返回值、函数参数的意义。

（1）open()函数。

① 功能描述：用于打开或创建文件，在打开或创建文件时可以指定文件的属性及用户的权限等参数。

所需头文件：#include <sys/types.h>,#include <sys/stat.h>,#include <fcntl.h>

② 函数原型：int open(const char *pathname,int flags,int perms)

③ 参数：

pathname：被打开的文件名（可包括路径名，如“dev/ttyS0”）。

flags：文件打开方式，有以下几种：

O_RDONLY：以只读方式打开文件。

O_WRONLY：以只写方式打开文件。

O_RDWR：以读写方式打开文件。

O_CREAT：如果该文件不存在，就创建一个新的文件，并用第三个参数为其设置权限。

O_EXCL：如果使用 O_CREAT 时文件存在，则返回错误消息。这一参数可测试文件是否存在。此时 open 是原子操作，可防止多个进程同时创建同一个文件。

O_NOCTTY：使用本参数时，若文件为终端，那么该终端不会成为调用 open()的那个进程的控制终端。

O_TRUNC：若文件已经存在，就会删除文件中的全部原有数据，并且设置文件大小为 0。

O_APPEND：以添加方式打开文件，在打开文件的同时，文件指针指向文件的末尾，即将写入的数据添加到文件的末尾。

O_NONBLOCK：如果 pathname 指的是一个 FIFO、一个块特殊文件或一个字符特殊文件，则此项为此文件的本次打开操作和后续的 I/O 操作设置非阻塞方式。

O_SYNC：使每次 write 都等到物理 I/O 操作完成。

O_RSYNC：read 等待所有写入同一区域的写操作完成后再进行。

在 open()函数中，flags 参数可以通过“|”组合构成，但前 3 个标准常量（O_RDONLY，O_WRONLY 和 O_RDWR）不能互相组合。

perms：被打开文件的存取权限，可用两种方法表示，既可以用宏定义表示法，也可以用八进制表示法。其中用一组宏定义为：S_I（R/W/X）（USR/GRP/OTH），R/W/X 分别表示读写执行权限，USR/GRP/OTH 分别表示文件的所有者/文件所属组/其他用户。

例如，S_IRUSR | S_IWUSR 表示设置文件所有者的可读可写属性。八进制表示法中 600 也表示同样的权限。

④ 返回值：

成功：返回文件描述符。

失败：返回-1。

（2）close()函数。

① 功能描述：用于关闭一个被打开的文件。

所需头文件：#include <unistd.h>

② 函数原型：int close（int fd）

③ 参数：fd 文件描述符。

④ 函数返回值：0 成功，-1 出错。

（3）read()函数。

① 功能描述：从文件读取数据。

所需头文件：#include <unistd.h>

② 函数原型：ssize_t read（int fd, void *buf, size_t count）

③ 参数：

fd：将要读取数据的文件描述符。

buf：指缓冲区，即读取的数据会被放到这个缓冲区中去。

count：表示调用一次 read 操作，应该读多少数量的字符。

④ 返回值：返回所读取的字节数；0（读到 EOF）；-1（出错）。

以下几种情况会导致读取到的字节数小于 count ：

A. 读取普通文件时，读到文件末尾还不够 count 字节。例如：如果文件只有 30 字节，而我们想读取 100 字节，那么实际读到的只有 30 字节，read 函数返回 30。此时再使用 read 函数作用于这个文件会导致 read 返回 0。

B. 从终端设备（terminal device）读取时，一般情况下每次只能读取一行。

C. 从网络读取时，网络缓存可能导致读取的字节数小于 count 字节。

D. 读取 pipe 或者 FIFO 时，pipe 或 FIFO 里的字节数可能小于 count。

E. 从面向记录（record-oriented）的设备读取时，某些面向记录的设备（如磁带）每次最多只能返回一个记录。

F. 在读取了部分数据时被信号中断。读操作始于 cfo。在成功返回之前，cfo 增加，增量为实际读取到的字节数。

（4）write()函数。

① 功能描述：向文件写入数据。

所需头文件：#include <unistd.h>

② 函数原型：ssize_t write（int fd, void *buf, size_t count）

③ 参数：write 函数向 filedes 中写入 count 字节数据，数据来源为 buf。返回值一般总是等于 count，否则就出错了。常见的出错原因是磁盘空间满了或者超过了文件大小限制。

④ 返回值：写入文件的字节数（成功）；-1（出错）。

对于普通文件，写操作始于 cfo。如果打开文件时使用了 O_APPEND，则每次写操作都将数据写入文件末尾。成功写入后，cfo 增加，增量为实际写入的字节数。

实际自编：

```
#include<sys/stat.h>
#include<sys/types.h>
#include<fcntl.h>
#include<unistd.h>
#include<stdio.h>
```

```
#include<string.h>
int main()
{
int fdo,count,ws,rs;
char buf[]="hello world!",buf2[10];

count=sizeof(buf);
fdo=open("file.txt",O_CREAT|O_TRUNC|O_RDWR,0666);
if(fdo<0)
{
printf("open error!");
return -1;
}
ws =write(fdo,buf,count) ;
if(ws<0)
{
printf("write error!");
return -1;
}
printf("write:%s\n",buf);
rs=read(fdo,buf2,ws);
if(rs<0)
{
printf("read error!");
return -1;
}
  printf("read:%s\n",buf2);
close(fdo);
return 0;
}
```

2.7 实验 7：文件属性编程

- **实验目的：**

熟悉 stat 结构体，学会 stat()、lstat()系统调用访问文件属性。

- **实验要求：**

编写应用程序，获得文件属性信息，并判断其文件类型和访问权限。

● **实验器材：**

软件：安装了 Linux 的 vmware 虚拟机。

硬件：PC 机一台。

● **实验步骤：**

要求获得文件属性信息并输出。

（1）编写实验代码 file_perm.c。

```
#include <stdio.h>
#include <stdlib.h>
#include <string.h>
#include <unistd.h>
#include <sys/stat.h>
#include <time.h>
#include <sys/stat.h>
#include <time.h>
void out_type(mode_t mode)
{
	if(S_ISREG(mode))
		printf(" type: file\n");
	else if(S_ISDIR(mode))
		printf(" type: dir\n");
	else if(S_ISBLK(mode))
		printf(" type: blk\n");
	else if(S_ISLNK(mode))
		printf(" type: soft\n");
	else if(S_ISSOCK(mode))
		printf(" type: socket\n");
	else
		printf(" type: others\n");
}
//以 ls -l 形式输出   权限  rw-rw-r--
void out_perm(mode_t mode)
{
	char perm[10];
	memset(perm,'-',9);
	perm[9] = '\0';

	if(S_IRUSR & mode){
		perm[0] = 'r';
```

```
        }
        if(S_IWUSR & mode){
            perm[1] = 'w';
        }
        if(S_IXUSR & mode){
            perm[2] = 'x';
        }
        if(S_ISUID & mode)
            perm[2] = 's';

        if(S_IRGRP & mode){
            perm[3] = 'r';
        }
        if(S_IWGRP & mode){
            perm[4] = 'w';
        }
        if(S_IXGRP & mode){
            perm[5] = 'x';
        }
        if(S_ISGID & mode)
            perm[5] = 's';

        if(S_IROTH & mode){
            perm[6] = 'r';
        }
        if(S_IWOTH & mode){
            perm[7] = 'w';
        }
        if(S_IXOTH & mode){
            perm[8] = 'x';
        }
        printf(" perm: %s ",perm);
}

// ./a.out a.txt
int main(int argc,char *argv[])
{
        if(argc < 2){
```

```
            fprintf(stderr,"usage: %s file\n",
                    argv[0]);
            exit(1);
        }
        struct stat st;
        memset(&st,0,sizeof(st));

        if(lstat(argv[1],&st) < 0)
            perror("stat",errno);
        printf("Name: %s\n",argv[1]);
        printf("mode: %d\n",st.st_mode);
        out_perm(st.st_mode);
        out_type(st.st_mode);
        return 0;
    }
```

（2）编译应用程序 file_perm.c。

用 gcc 命令编译 file_perm.c 后生成可执行文件 file_perm。

（3）运行应用程序，测试功能。

```
[root@localhost fileattr]# ./file_perm b.txt
Name: b.txt
mode: 33188
 perm: rw-r--r--  type: file
```

运行该程序后，能够输出文件属性信息。

- **上机报告要求：**

编写一应用程序 myls_R.c，实现递归显示当前目录及其子目录里面的文件，类似于命令 ls -R 的功能。

```
[root@localhost fileattr]# gcc myls_R.c -o myls_R
[root@localhost fileattr]# ./myls_R
Directory scan of /home/Linux C/fileattr
 file_type.c
 mdev.c
 b.txt
 dir/
    b.txt
 dir_test
 inc.h
 chdir_test.c
 myls_R.c
 time2.c
 inc.c
 a.ln
```

```
#include <stdio.h>
#include <dirent.h>
#include <string.h>

void List(char *path)
{
    struct dirent *ent = NULL;
    DIR *pDir;
    if((pDir = opendir(path)) != NULL)
    {
        while(NULL != (ent = readdir(pDir)))
        {
            if(ent->d_type == 8)                    // d_type:8-文件,4-目录
                printf("File:\t%s\n", ent->d_name);
            else if(ent->d_name[0] != '.')
            {
                printf("\n[Dir]:\t%s\n", ent->d_name);
                List(ent->d_name);                  // 递归遍历子目录
                printf("返回[%s]\n\n", ent->d_name);
            }
        }
        closedir(pDir);
    }
    else
        printf("Open Dir-[%s] failed.\n", path);
}

int main()
{
    char path[] = "/home/zcm/program/test";
    List(path);

    return 0;
}
```

2.8　实验 8：文件目录编程

●　**实验目的：**

学会目录文件的相关操作，建立、删除和打开目录文件，改变目录路径。

●　**实验要求：**

编写应用程序，读取当前目录信息，然后修改当前路径名为/根目录，然后再次打印当前路径。

●　**实验器材：**

软件：安装了 Linux 的 vmware 虚拟机。

硬件：PC 机一台。

●　**实验步骤：**

读取目录信息，并更换工作目录。

（1）编写实验代码 dir_test.c。

```
#include <stdio.h>
#include <stdlib.h>
#include <string.h>
#include <unistd.h>
#include <dirent.h>
#include <sys/stat.h>
void show_dir(const char *name)
{
    //打开目录
    DIR *d = opendir(name);
    struct dirent *dir = NULL;

    //循环读取目录里面内容
    while((dir = readdir(d)) != NULL){
        printf("name: %s \t ino: %ld\n",
                dir->d_name,dir->d_ino);
    }
    closedir(d);
}

//    ./a.out [dirs]
int main(int argc,char **argv)
```

```
{
    if(argc == 1){
        show_dir("./");
    }else{
        int i = 1;
        struct stat st;
        for(;i < argc;i++){
            memset(&st,0,sizeof(st));
            lstat(argv[i],&st);
            if(!S_ISDIR(st.st_mode)){
                printf("%s is not dir!\n",
                        argv[i]);
                continue;
            }
            printf("dir(%s): \n",argv[i]);
            show_dir(argv[i]);
            printf("\n");
        }
    }
    printf("after change dir ……\n");
    //切换到根目录
    if(chdir("/") < 0)
        perror("chdir");
    //输出当前工作路径
    char buff[128] = {0};
    char *path = getcwd(buff,sizeof(buff));
    if(path == NULL)
        perror("getcwd");
    printf("current work path: %s\n",path);
    return 0;
}
```

（2）编译应用程序 dir_test.c。

（3）运行应用程序，输出目录信息并且能够切换到根目录下面。

```
name: b.soft     ino: 39752
name: time3.c    ino: 39712
name: ..         ino: 4476323
name: time1.c    ino: 39710
name: umask.c    ino: 40082
name: readlink.c         ino: 40080
name: file_perm.c        ino: 39756
name: lstat_test.c       ino: 40078
name: a.out      ino: 39750
name: perm_test.c        ino: 40079
name: .          ino: 40056
name: link_test.c        ino: 40061
name: truncate_test.c    ino: 40081
name: dir2       ino: 67751
after change dir ......
current work path: /
```

- **上机报告要求：**

分别写出结构体 stat 和 dirent 的定义，并注释里面每个字段代表的意义。

```
struct stat {
mode_t    st_mode;          //文件访问权限
ino_t     st_ino;           //索引节点号
dev_t     st_dev;           //文件使用的设备号
dev_t     st_rdev;          //设备文件的设备号
nlink_t   st_nlink;         //文件的硬连接数
uid_t     st_uid;           //所有者用户识别号
gid_t     st_gid;           //组识别号
off_t     st_size;          //以字节为单位的文件容量
time_t    st_atime;         //最后一次访问该文件的时间
time_t    st_mtime;         //最后一次修改该文件的时间
time_t    st_ctime;         //最后一次改变该文件状态的时间
blksize_t st_blksize;       //包含该文件的磁盘块的大小
blkcnt_t  st_blocks;        //该文件所占的磁盘块
};
struct dirent
{
long d_ino;                    /* inode number 索引节点号 */
off_t d_off;                   /* offset to this dirent 在目录文件中的偏移 */
unsigned short d_reclen;       /* length of this d_name 文件名长 */
unsigned char d_type;          /* the type of d_name 文件类型 */
char d_name [NAME_MAX+1];      /* file name （null-terminated）
```

文件名，最长 255 字符 */
}
自编：

```
#include <stdio.h>
#include <stdlib.h>
#include <string.h>
#include <unistd.h>
#include <dirent.h>
#include <sys/stat.h>
void List(const char *name)
{
      int i;
      //打开目录
      DIR *d = opendir(name);
      struct dirent *dir = NULL;

     //循环读取目录里面内容
if(( d= opendir(name)) != NULL)
      {

      while(NULL != (dir = readdir(d)))
            {
                  if(dir ->d_type == 8)                        // d_type:8-文件,4-目录
                        printf("%s\n", dir ->d_name);
                  else if(dir ->d_name[0] != '.')              //子目录不空
                  {
                        printf("%s/\n", dir ->d_name);
      for(i=0;i<=strlen(dir->d_name);i++)
            printf(" ");
                        List(dir ->d_name);                    // 递归遍历子目录
                        //printf("返回[%s]\n\n", dir ->d_name);
                  }
            }
            closedir(d);
       }else
            printf("Open %s/ failed.\n",name);
}
int main()
```

```
{
    List("/home/jvcvcc");
    return 0;
}
```

2.9 实验 9：进程编程

- **实验目的：**

学会 fork、vfork 函数的使用；

学会调用 wait 和 waitpid 函数。

- **实验要求：**

利用 fork 函数，编写一应用程序，在程序中创建一子进程，分别在父进程和子进程中打印进程 ID；

使用 vfork 创建一子进程，让子进程睡眠 1s，分别在父进程和子进程中打印进程 ID，观察父子进程的运行顺序；

编写一应用程序，在程序中创建一子进程，父进程需等待子进程运行结束后才能执行。

- **实验器材：**

软件：安装了 Linux 的 vmware 虚拟机。

硬件：PC 机一台。

- **实验步骤：**

（1）fork 函数的使用。

① 编写实验代码 fork_pid.c。

```
#include <stdio.h>
#include <unistd.h>
#include <errno.h>
#include <stdlib.h>

int main(int argc, char *argv[])
{
    pid_t child;

    /*创建子进程*/
    ……
child=frok();
if(child==-1)//出错
printf("error! ");
else if(child==0)//子进程中
     printf("I am the child:%d",child);
```

```
else if(child>0)//父进程返回子进程号
        printf("I am the parent:%d",child);
}
/****************************
#include <stdio.h>
#include <unistd.h>
#include <errno.h>
#include <stdlib.h>

int main(int argc, char *argv[])
{
      pid_t child;

      /*创建子进程*/
      //……
child=fork();
if(child==-1)//出错
{
printf("error!");
exit(1);
}
else if(child>0)//父进程返回子进程号
        {
      printf("I am the parent:%d\n",getppid());
            exit(1);
}
else if(child==0)//子进程中
      {
        printf("I am the child:%d\n",getpid());
        //exit(1);
}
return 0;
}****************************/
```

② 编译应用程序 fork_pid.c。

用 gcc 命令编译 fork_pid.c 后生成可执行文件 fork_pid。

```
[root@localhost fork]# gcc fork_pid.c -o fork_pid
[root@localhost fork]# ls
fork_pid  fork_pid.c
```

③ 运行应用程序。

```
[root@localhost fork]# ./fork_pid
I am the child:13500
I am the father:13499
```

④ fork 函数创建子进程后，父子进程是独立、同时运行的，并没有先后顺序。

（2）vfork 创建子进程。

① 编写实验代码 vfork_pid.c。

```
#include <stdio.h>
#include <unistd.h>
#include <errno.h>
#include <stdlib.h>

int main(int argc, char *argv[])
{
    pid_t child;

    /*创建子进程*/
    if((child=vfork())==-1){
        printf("fork error:%s\n",strerror(errno));
        exit(1);
    }
    //子进程睡眠 1s
    ……
else if(child==0)//子进程中
{
     printf("I am the child:%d\n",getpid());
     sleep(1);
     exit(1);
}
else if(child>0)//父进程返回子进程号
     printf("I am the parent:%d\n",getppid());
return 0;
}
/***********------------------
#include <stdio.h>
#include <unistd.h>
#include <errno.h>
#include <stdlib.h>
```

```
int main(int argc, char *argv[])
{
    pid_t child;
    child=vfork();
    /*创建子进程*/
    if(child==-1){
        printf("error");
    //printf("fork error:%s\n",strerror(errno));
        exit(1);
    }

else if(child==0)//子进程中
{
      printf("I am the child:%d\n",getpid());
      sleep(1);
    printf("sleep finish!\n");
      exit(1);
}
else if(child>0)//父进程返回子进程号
{
printf("I am the parent:%d\n",getppid());
exit(1);
}
return 0;

}

******************/
```

② 编译应用程序 vfork_pid.c。

```
[root@localhost fork]# gcc vfork_pid.c -o vfork_pid
```

③ 运行应用程序。

```
[root@localhost fork]# ./vfork_pid
I am the child:13616
I am the father:13615
```

可以看到，程序运行时会停 1 s，然后分别打印出父子进程的 ID。也就是说，子进程进来就阻塞 1 秒，但也没有先去运行父进程，而是让子进程运行完了之后才运行父进程。

（3）进程等待实验。

① 编写代码文件 wait.c。

```
#include <stdio.h>
#include <unistd.h>
#include <errno.h>
#include <stdlib.h>
#include <sys/types.h>
#include <sys/wait.h>

int main(int argc, char *argv[])
{
    pid_t child;

    /*创建子进程*/
    if((child=fork())==-1){
         printf("fork error:%s\n",strerror(errno));
         exit(1);
    }
         ……//利用 wait 函数等待子进程结束，再运行父进程
}

}


/*********************************
#include <stdio.h>
#include <unistd.h>
#include <errno.h>
#include <stdlib.h>
#include<sys/wait.h>
#include<sys/types.h>

int main(int argc, char *argv[])
{
    int status;
    pid_t child,pid;

    child=fork();/*创建子进程*/
    //wait(&status);

    if(child==-1)
```

```
    {
        printf("error\n");
    //printf("fork error:%s\n",strerror(errno));
        exit(1);
    }
    else if(child>0)//父进程返回子进程号
        {   pid=wait(&status);
        printf("the farther process is run \n");
        printf("I am the parent:%d\n",getppid());

        //printf("wait:%d\n",wait(&status));
        exit(1);
    }
    else if(child==0)//子进程中
    {       printf("the child process is run\n");
        printf("I am the child:%d\n",getpid());
        //sleep(1);

        exit(1);
    }

    return 0;

}********************************/
```

② 编译应用程序 wait.c。

```
[root@localhost fork]# gcc wait.c -o wait
```

③ 运行程序 wait。

```
[root@localhost fork]# ./wait
the child process is run
I am the child:13682
the father process is run
I am the father:13681
```

④ 用 fork 创建子进程后，父子进程的执行顺序 fork 函数不能确定。可以用 wait 函数和 waitpid 函数使父进程阻塞等待子进程退出，来确保子进程先结束。

- **上机报告要求：**

1. 填写实验中缺失的代码。
2. 分析 fork()、vfork()、wait()函数原型、功能、参数、返回值的意义。

#include<sys/types.h> /* 提供类型 pid_t 的定义 */

#include<unistd.h>　　/* 提供函数的定义 */

（1）pid_t fork（void）;

功能：当 fork()成功调用后，会创建一个新的进程，它几乎与调用 fork()的进程完全相同。这两个进程都会继续运行，调用者进程从 fork()返回后，还是照常运行。

返回值：fork 调用的一个奇妙之处就是它仅仅被调用一次，却能够返回两次。它可能有三种不同的返回值：

在父进程中，fork 返回新创建子进程的进程 ID；

在子进程中，fork 返回 0；

如果出现错误，fork 返回一个负值。fork 出错可能有两种原因：① 当前的进程数已经达到了系统规定的上限，这时 errno 值被设置为 EAGAIN。② 系统内存不足，这时 errno 值被设置为 ENOMEM。

（2）pid_t vfork（void）;

参数：无

函数说明：

vfork()调用成功时，其执行结果与 fork()是一样的，除了子进程会立即执行一次 exce 系统调用，或者调用_exit()退出。

vfork()会产生一个新的子进程，其子进程会复制父进程的数据与堆栈空间，并继承父进程的用户代码、组代码、环境变量、已打开的文件代码、工作目录和资源限制等。Linux 使用 copy-on-write(COW)技术，只有当其中一进程试图修改欲复制的空间时才会做真正的复制动作。由于这些继承的信息是复制而来的，并非指相同的内存空间，因此子进程对这些变量的修改与父进程并不会同步。此外，子进程不会继承父进程的文件锁定和未处理的信号。注意，Linux 不保证子进程会比父进程先执行或晚执行，因此编写程序时要留意死锁或竞争条件的发生。

返回值：如果 vfork()成功，则在父进程会返回新建立的子进程代码(PID)，而在新建立的子进程中则返回 0；如果 vfork 失败，则直接返回-1，失败原因存于 errno 中。

（3）wait(等待子进程中断或结束);

表头文件：

#include<sys/types.h>

#include<sys/wait.h>

定义函数：pid_t wait (int * status);

函数说明：调用 wait()成功，会返回已终止子进程的 pid；出错时，返回-1。如果没有子进程终止，调用阻塞，直到有一个子进程终止。如果有一个子进程已经终止了，调用会立即返回。

wait()会暂时停止目前进程的执行，直到有信号来到或子进程结束。如果在调用 wait()时子进程已经结束，则 wait()会立即返回子进程结束状态值。子进程的结束状态值会由参数 status 返回，而子进程的进程识别码也会一起返回。如果不在意结束状态值，则参数

status 可以设成 NULL。若不为空，那它包含了关于子进程的一些其他信息。子进程的结束状态值请参考 waitpid()。

返回值：如果执行成功，则返回子进程识别码（PID），如果有错误发生则返回-1。失败原因存于 errno 中。

（4）waitpid（等待子进程中断或结束）;

表头文件：

#include<sys/types.h>

#include<sys/wait.h>

定义函数：pid_t waitpid (pid_t pid, int * status, int options);

函数说明：waitpid()会暂时停止目前进程的执行，直到有信号来到或子进程结束。如果在调用 wait()时子进程已经结束，则 wait()会立即返回子进程结束状态值。子进程的结束状态值会由参数 status 返回，而子进程的进程识别码也会一起返回。如果不在意结束状态值，则参数 status 可以设成 NULL。

参数 pid 为欲等待的子进程识别码，其数值意义如下：

pid<-1：等待进程组识别码为 pid 绝对值的任何子进程。

pid=-1：等待任何子进程，相当于 wait()。

pid=0：等待进程组识别码与目前进程相同的任何子进程。

pid>0：等待任何子进程识别码为 pid 的子进程。

参数 option 可以为 0 或下面的 OR 组合：

WNOHANG：如果没有任何已经结束的子进程，则马上返回，不予以等待。

WUNTRACED：如果子进程进入暂停执行情况，则马上返回，但结束状态不予以理会。

子进程的结束状态返回后存于 status，底下有几个宏可判别结束情况：

WIFEXITED（status）：如果子进程正常结束，则为非 0 值。

WEXITSTATUS（status）：取得子进程 exit()返回的结束代码，一般会先用 WIFEXITED 来判断是否正常结束才能使用此宏。

WIFSIGNALED（status）：如果子进程是因为信号而结束，则此宏值为真。

WTERMSIG（status）：取得子进程因信号而中止的信号代码，一般会先用 WIFSIGNALED 来判断后才使用此宏。

WIFSTOPPED（status）：如果子进程处于暂停执行情况，则此宏值为真。一般只有使用 WUNTRACED 时才会有此情况。

WSTOPSIG（status）：取得引发子进程暂停的信号代码，一般会先用 WIFSTOPPED 来判断后才使用此宏。

如果执行成功，则返回子进程识别码（PID）；如果有错误发生，则返回返回值-1，失败原因存于 errno 中。

2.10 实验 10：进程间通信

- **实验目的：**

学会进程间通信方式：无名管道、有名管道、信号、消息队列。

- **实验要求：**

在父进程中创建一无名管道，并创建子进程来读该管道，父进程来写该管道；

在进程中为 SIGBUS 注册处理函数，并向该进程发送 SIGBUS 信号；

创建一消息队列，实现向队列中存放数据和读取数据。

- **实验器材：**

软件：安装了 Linux 的 vmware 虚拟机。

硬件：PC 机一台。

- **实验步骤：**

（1）无名管道的使用。

① 编写实验代码 pipe_rw.c。

```
#include <unistd.h>
#include <sys/types.h>
#include <errno.h>
#include <stdio.h>
#include <string.h>
#include <stdlib.h>
int main()
{
    int pipe_fd[2];//管道返回读写文件描述符
    pid_t pid;
    char buf_r[100];
    char* p_wbuf;
    int r_num;
    memset(buf_r,0,sizeof(buf_r));//将 buf_r 初始化
    char str1[]="parent write1 "holle"";
char str2[]="parent write2 "pipe"\n";
 r_num=30;
    /*创建管道*/
    if(pipe(pipe_fd)<0)
    {
        printf("pipe create error\n");
        return -1;
```

```
    }

    /*创建子进程*/
    if((pid=fork())==0)    //子进程执行代码
    {
        //1、子进程先关闭了管道的写端
close(pipe_fd[1]);
        //2、让父进程先运行,这样父进程先写子进程才有内容读
sleep(2);
          //3、读取管道的读端,并输出数据
if(read(pipe_fd[0],buf_r, r_num)<0)
{
printf("read error!");
exit(-1);
}
printf("%s\n",buf_r);
            //4、关闭管道的读端,并退出
close(pipe_fd[1]);
    }
    else if(pid>0) //父进程执行代码
    {
            //1、父进程先关闭了管道的读端
close(pipe_fd[0]);
            //2、向管道写入字符串数据
p_wbuf=&str1;
write(pipe_fd[1],p_wbuf,sizof(p_wbuf));
p_wbuf=&str2;
write(pipe_fd[1],p_wbuf,sizof(p_wbuf));

            //3、关闭写端,并等待子进程结束后退出
    close(pipe_fd[1]);
    }
    return 0;
}
/**********************
#include <unistd.h>
#include <sys/types.h>
#include <errno.h>
```

```
#include <stdio.h>
#include <string.h>
#include <stdlib.h>

int main()
{
    int pipe_fd[2];//管道返回读写文件描述符
    pid_t pid;
    char buf_r[100];
    char* p_wbuf;
    int r_num;

    memset(buf_r,0,sizeof(buf_r));//将 buf_r 初始化
    char str1[]="holle";
    char str2[]="pipe";
   r_num=10;

   /*创建管道*/
   if(pipe(pipe_fd)<0)
   {
       printf("pipe create error\n");
       return -1;
   }

   /*创建子进程*/
   if((pid=fork())==0)    //子进程执行代码
   {
       close(pipe_fd[1]);//1、子进程先关闭了管道的写端

   //2、让父进程先运行,这样父进程先写子进程才有内容读

         //3、读取管道的读端,并输出数据
   if(read(pipe_fd[0],buf_r, r_num)<0)
       {
            printf("read1 error!");
            exit(-1);
       }
   printf("\nparent write1 %s!",buf_r);
   sleep(1);
```

```
        if(read(pipe_fd[0],buf_r, r_num)<0)
            {
                    printf("read2 error!");
                    exit(-1);
            }
        printf("\nparent write2 %s!",buf_r);

                close(pipe_fd[1]);//4、关闭管道的读端,并退出
        exit(1);
        //printf("child error!");
        }
        else if(pid>0) //父进程执行代码
        {
              close(pipe_fd[0]);   //1、父进程先关闭了管道的读端

              p_wbuf=str1;         //2、向管道写入字符串数据
              write(pipe_fd[1],p_wbuf,sizeof(str1));
              sleep(1);
              p_wbuf=str2;
              write(pipe_fd[1],p_wbuf,sizeof(str2));

              close(pipe_fd[1]);//3、关闭写端,并等待子进程结束后退出
        exit(1);
        //printf("father error!");
        }
        return 0;
}
**************************/
```

```
jvcvcc@ubuntu:~$ gcc test.c -o test
jvcvcc@ubuntu:~$ ./test

jvcvcc@ubuntu:~$ parent write1 holle!
parent write2 pipe!
```

② 编译应用程序 pipe_rw.c。

```
[root@localhost pipe]# ls
pipe_rw.c
[root@localhost pipe]# gcc pipe_rw.c -o pipe_rw
```

③ 运行应用程序。

```
[root@localhost pipe]# ./pipe_rw
parent write1 Hello!
parent write2 Pipe!

10 numbers read from the pipe is Hello Pipe
```

子进程先睡 2 秒，让父进程先运行，父进程分两次写入“hello”和“pipe”，然后阻塞等待子进程退出，子进程醒来后读出管道里的内容并打印到屏幕上再退出，父进程捕获到子进程退出后也退出。

④ 由于 fork 函数让子进程完整地拷贝了父进程的整个地址空间，所以父子进程都有管道的读端和写端。我们往往希望父子进程中的一个进程写一个进程读，那么写的进程最后关掉读端，读的进程最好关闭掉写端。

（2）信号处理。

① 编写实验代码 sig_bus.c。

```
#include <signal.h>
#include <stdio.h>
#include <stdlib.h>
//1、自定义信号处理函数，处理 SIGBUS 信号，打印捕捉到信号即可
static void signal_handler(int signo)
{
if(signo ==SIGBUS)
printf("\n I have get SIGBUS");
exit(EXIT_FAILURE);
}
int main()
{
    printf("Waiting for signal SIGBUS \n ");
        //2、注册信号处理函数
    if(signal(SIGBUS,signal_handler)==SIG_ERR)
{
fprintf(stderr, "cannot handle SIGBUS\n");
exit(EXIT_FAILURE);
}
    pause();//将进程挂起直到捕捉到信号为止
    exit(0);
return 0;
}

/*********************************
#include <signal.h>
```

```
#include <stdio.h>
#include <stdlib.h>
#include <unistd.h>
//1、自定义信号处理函数,处理 SIGBUS 信号，打印捕捉到信号即可
static void signal_handler(int signo)
{
    if(signo ==SIGBUS)
    printf("I have get SIGBUS");
    exit(EXIT_FAILURE);
}
int main()
{
    printf("Waiting for signal SIGBUS \n ");

    //2、注册信号处理函数
    if(signal(SIGBUS, signal_handler)==SIG_ERR)
    {
        fprintf(stderr,"cannot handle SIGBUS\n");
        exit(EXIT_FAILURE);
    }
    pause();//将进程挂起直到捕捉到信号为止
    exit(0);
    return 0;
}
***************************/
```

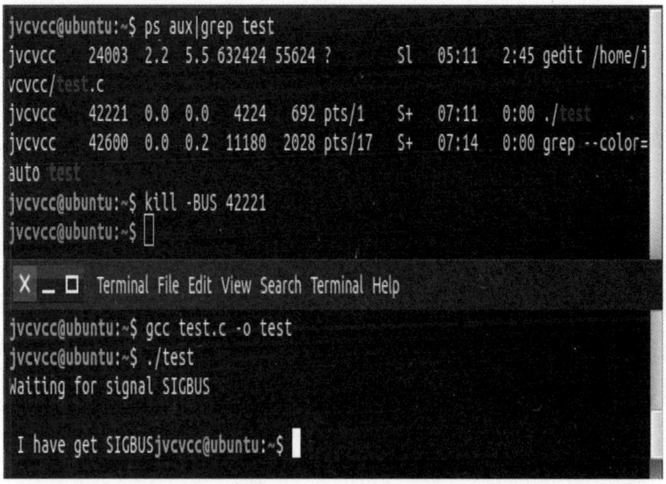

```
jvcvcc@ubuntu:~$ ps aux|grep test
jvcvcc    24003  2.2  5.5 632424 55624 ?       Sl   05:11   2:45 gedit /home/j
vcvcc/test.c
jvcvcc    42221  0.0  0.0   4224   692 pts/1    S+   07:11   0:00 ./test
jvcvcc    42600  0.0  0.2  11180  2028 pts/17   S+   07:14   0:00 grep --color=
auto test
jvcvcc@ubuntu:~$ kill -BUS 42221
jvcvcc@ubuntu:~$ 

X _ □ Terminal File Edit View Search Terminal Help
jvcvcc@ubuntu:~$ gcc test.c -o test
jvcvcc@ubuntu:~$ ./test
Waiting for signal SIGBUS

 I have get SIGBUSjvcvcc@ubuntu:~$ 
```

用 signal 系统调用为 SIGBUS 信号注册信号处理函数 my_func，然后将进程挂起等待

SIGBUS 信号。所以需要向该进程发送 SIGBUS 信号才会执行自定义的信号处理函数。

② 编译应用程序 sig_bus.c。

```
[root@localhost pipe]# gcc sig_bus.c -o sig_bus
```

③ 运行应用程序。

先在一个终端中运行 sig_bus，会看到进程挂起，等待信号。

```
[root@localhost pipe]# ./sig_bus
Waiting for signal SIGBUS
```

然后在另一个终端中，查找到运行 sig_bus 这个产生的进程号，用 kill 命令发送 SIGBUS 信号给这个进程。

```
[root@localhost tcpclient]# ps -aux|grep sig_bus
Warning: bad syntax, perhaps a bogus '-'? See /usr/share/doc/procps-3.2.7/FAQ
root      18966  0.2  0.0   1508   316 pts/3    S+   01:00   0:00 ./sig_bus
root      18968  0.0  0.0   3908   664 pts/2    R+   01:00   0:00 grep sig_bus
[root@localhost tcpclient]# kill -BUS 18966
[root@localhost tcpclient]#
```

可以看到前面挂起的进程在接收到这个信号后的处理。

```
[root@localhost pipe]# ./sig_bus
Waiting for signal SIGBUS
 I have get SIGBUS
[root@localhost pipe]#
```

用自定义信号处理函数 my_func 来处理，所以打印了“I have get SIGBUS”这样一句话。

- **上机报告要求：**

1. 总结 pipe()、signal()的函数定义原型、返回值和参数的意义。

（1）pipe()。

表头文件：#include<unistd.h>

定义函数：int pipe（int filedes[2]）;

函数说明（参数）：pipe()会建立管道，并将文件描述词由参数 filedes 数组返回。filedes[0]为管道里的读取端，filedes[1]则为管道的写入端。

返回值：若成功则返回 0，否则返回-1，错误原因存于 errno 中。

阻塞问题：当管道中的数据被读取后，管道为空。一个随后的 read()调用将默认被阻塞，等待某些数据写入。

功能：管道是一种把两个进程之间的标准输入和标准输出连接起来的机制，从而提供一种让多个进程间通信的方法。当进程创建管道时，每次都需要提供两个文件描述符来操作管道。其中一个对管道进行写操作，另一个对管道进行读操作。对管道的读写与一般的 IO 系统函数一致，使用 write()函数写入数据，使用 read()读出数据。

（2）signal()。

表头文件：#include<signal.h>

功能：设置某一信号的对应动作。

函数原型：void (*signal(int signum, void(* handler)(int)))(int)；

或者：typedef void(*sig_t) (int)；sig_t signal(int signum, sig_t handler)；

可看成是 signal()函数（它自己是带有两个参数，一个为整型，一个为函数指针的函数），而这个 signal()函数的返回值也为一个函数指针，这个函数指针指向一个带整型参数，并且返回值为 void 的一个函数。

参数说明：第一个参数 signum 指明了所要处理的信号类型，它可以取除了 SIGKILL 和 SIGSTOP 外的任何一种信号。

第二个参数 handler 描述了与信号关联的动作，它可以取以下三种值：

① 一个返回值为正数的函数地址。

此函数必须在 signal()被调用前声明，handler 中为这个函数的名字。当接收到一个类型为 sig 的信号时，就执行 handler 所指定的函数。这个函数应有如下形式的定义：intfunc（int sig）；

sig 是传递给它的唯一参数。执行了 signal()调用后，进程只要接收到类型为 sig 的信号，不管其正在执行程序的哪一部分，就立即执行 func()函数。当 func()函数执行结束后，控制权返回进程被中断的那一点继续执行。

② SIGIGN。

这个符号表示忽略该信号。执行了相应的 signal()调用后，进程会忽略类型为 sig 的信号。

③ SIGDFL。

这个符号表示恢复系统对信号的默认处理。

函数说明：signal()会依参数 signum 指定的信号编号来设置该信号的处理函数。当指定的信号到达时就会跳转到参数 handler 指定的函数执行。当一个信号的信号处理函数执行时，如果进程又接收到了该信号，该信号会自动被储存而不会中断信号处理函数的执行，直到信号处理函数执行完毕再重新调用相应的处理函数。但是如果在信号处理函数执行时进程收到了其他类型的信号，该函数的执行就会被中断。

返回值：返回先前的信号处理函数指针，若有错误则返回 SIG_ERR（-1）。

附加说明：在信号发生跳转到自定的 handler 处理函数执行后，系统会自动将此处理函数换回原来系统预设的处理方式，如果要改变此操作请改用 sigaction()。

下面的情况可以产生 Signal：

a. 按下 CTRL+C 产生 SIGINT。

b. 硬件中断，如除 0，非法内存访问（SIGSEV），等等。

c. Kill 函数可以对进程发送 Signal。

d. Kill 命令。实际上是对 Kill 函数的一个包装。

e. 软件中断。如当 Alarm Clock 超时（SIGURG），当 Reader 中止之后又向管道写数据（SIGPIPE），等等。

2. 命名管道 FIFO

功能：管道最大的劣势就是没有名字，只能用于有一个共同祖先进程的各个进程之间。FIFO 代表先进先出，但它是一个单向数据流，也就是半双工，与管道不同的是：每个 FIFO 都有一个路径与之关联，从而允许无亲缘关系的进程访问。

头文件：#include <sys/types.h>

#include <sys/stat.h>

函数原型：int mkfifo(const char *pathname, mode_t mode);

参数：这里 pathname 是路径名，mode 是 sys/stat.h 里面定义的创建文件的权限。

利用命名管道 FIFO 实现类似本节第一个实验的功能。一个程序 fifo_read.c 写数据“Hi Linux”，另一个程序 fifo_write.c 读数据并打印出来。

```
//fifo_read.c
#include <unistd.h>
#include <sys/types.h>
#include <sys/stat.h>
#include <fcntl.h>
#include <errno.h>
#include <stdio.h>
#include <string.h>
#include <stdlib.h>
//#define FIFO "fifo"

int main()
{
    int fdr,fd;
    char buf_r[]="Hi Linux\n";
fd=mkfifo("fifo.txt",O_CREAT|O_RDWR|0666);
if(fd<0)
{printf("fifo creat error(R)!\n");
        exit(-1);
}

fdr=open("fifo.txt",O_WRONLY|O_CREAT,0666);
if(fdr<0)
{
printf("open error!");
    exit(-1);
}

    if(write(fdr,buf_r,sizeof(buf_r))<0)
    {
        printf("write error");
```

```
        exit(-1);
    }
    close(fdr);
close(fd);
    return 0;
    }
//fifo_write.c
#include <unistd.h>
#include <sys/types.h>
#include <sys/stat.h>
#include <fcntl.h>
#include <errno.h>
#include <stdio.h>
#include <string.h>
#include <stdlib.h>
//#define FIFO "fifo"
int main()
{
    int fdw,fd;
    char buf[100];
memset(buf,0,sizeof(buf));
fdw=open("fifo.txt",O_RDONLY);
if(fdw<0)
    {
        printf("open error(W)!");
        exit(-1);
    }

    //sleep(2);
    if(read(fdw,buf,100)<0)
    {
        printf("read error(W)");
        exit(-1);
    }
    printf("\n%s",buf);
    close(fdw);
    return 0;
}
```

2.11 实验 11：网络编程

- **实验目的：**

学会 Linux 的 socket 套接字网络编程，熟悉使用 TCP 传输协议的网络编程流程。

- **实验要求：**

编写使用 TCP 协议的服务器程序和客户端程序。客户端向服务器发送字符串，服务器打印收到的字符串。

- **实验器材：**

软件：安装了 Linux 的 vmware 虚拟机。

硬件：PC 机一台。

- **实验步骤：**

（1）编写服务器端代码 tcp_server.c。

```
#include <stdlib.h>
#include <stdio.h>
#include <errno.h>
#include <string.h>
#include <netdb.h>
#include <sys/types.h>
#include <netinet/in.h>
#include <sys/socket.h>
#define portnumber 3333
int main(int argc, char *argv[])
{
    int sockfd,new_fd;
    struct sockaddr_in server_addr;
    struct sockaddr_in client_addr;
    int sin_size;
    int nbytes;
    char buffer[1024];
    /*1、服务器创建 sockfd 描述符 */
    if((sockfd=socket(AF_INET,SOCK_STREAM,0))==-1)//
AF_INET:IPV4;SOCK_STREAM:TCP
    {
        fprintf(stderr,"Socket error:%s\n\a",strerror(errno));
        exit(1);
    }
```

```
        /* 2、服务器端填充 sockaddr 结构 */
        bzero(&server_addr,sizeof(struct sockaddr_in)); // 初始化,置 0
        server_addr.sin_family=AF_INET;                    // Internet
        server_addr.sin_addr.s_addr=htonl(INADDR_ANY);   /* (将本机器上的 long 数
据转化为网络上的 long 数据) 服务器程序能运行在任何 ip 的主机上 */
        //server_addr.sin_addr.s_addr=inet_addr("192.168.1.1");   /* 用于绑定到一个固
定 IP,inet_addr 用于把数字加格式的 ip 转化为整型 ip */
        server_addr.sin_port=htons(portnumber);          /* (将本机器上的 short 数据
转化为网络上的 short 数据) 端口号*/

        /* 3、绑定地址结构体 */
    if( bind(sockfd, &server_addr,sizeof(server_addr))<0)
    {
    printf( "bind error!" );
    exit(-1);
    }
        /* 4、设置监听允许连接的最大客户端数 */
    if( listen( sockfd, 0)<0)
    {
    printf( "listen error!" );
    exit(-1);
    }

        while(1)
        {
            /* 5、服务器阻塞,直到客户程序建立连接 */
            sin_size=sizeof(struct sockaddr_in);
        if(new_fd=accept(sockfd,& server_addr,&sin_size)<0)
    {
    printf( "accept error!" );
    exit(-1);
    }
         //连接成功后打印客户端 IP
         fprintf(stderr,"Server get connection from %s\n",inet_ntoa(client_addr.sin_addr));
         // 将网络地址转换成字符串
              //6、read()函数读取客户端发送的消息
          nbytes=read(new_fd,buffer,1024);
          buffer[nbytes]='\0';
```

```
        printf("Server received %s\n",buffer);
        /* 这个通信已经结束 */
        close(new_fd);
        /* 循环下一个 */
    }

    /* 结束通信 */
    close(sockfd);
    exit(0);
}
/*******************完整程序************************
#include <stdio.h>
#include <stdlib.h>
#include <errno.h>
#include <string.h>
#include <netdb.h>
#include <sys/types.h>
#include <netinet/in.h>
#include <sys/socket.h>
#include<arpa/inet.h>//inet_ntoa()
#include <unistd.h>//read(),close()
#define portnumber 3333
int main(int argc, char *argv[])
{
    int sockfd,new_fd;
    struct sockaddr_in server_addr;
    struct sockaddr_in client_addr;
    int sin_size;
    int nbytes;
    char buffer[1024];
    /*1、服务器创建 sockfd 描述符 */
    if((sockfd=socket(AF_INET,SOCK_STREAM,0))==-1) {
        fprintf(stderr,"Socket error:%s\n\a",strerror(errno));
        exit(1);
    }
    /* 2、服务器端填充 sockaddr 结构 */
    bzero(&server_addr,sizeof(struct sockaddr_in));
    server_addr.sin_family=AF_INET;
```

```
    server_addr.sin_addr.s_addr=htonl(INADDR_ANY);
        server_addr.sin_port=htons(portnumber);
    /* 3、绑定地址结构体 */
    if( bind(sockfd, (struct sockaddr *)(&server_addr),sizeof(struct sockaddr))<0)
    {
        printf("bind error!");
        exit(-1);
    }
    /* 4、设置监听允许连接的最大客户端数 */
    if( listen( sockfd,5)<0)
    {
        printf("listen error!");
        exit(-1);
    }
    while(1)
    {
        /* 5、服务器阻塞,直到客户程序建立连接 */
        sin_size=sizeof(struct sockaddr_in);
    if((new_fd=accept(sockfd,(struct sockaddr *)(&client_addr),&sin_size))<0)
    {
        printf("accept error!");
        exit(-1);
    }
          //连接成功后打印客户端 IP
         if(fork==0){    //fork(),创建子进程,多个进程不需等候
fprintf(stderr,"server get connection from %s\n",inet_ntoa(client_addr.sin_addr));
           //6、read()函数读取客户端发送的消息
         nbytes=read(new_fd,buffer,1024);
         buffer[nbytes]='\0';
         printf("Server received %s\n",buffer);
         /* 这个通信已经结束 */
         close(new_fd);
          }
           else close(new_fd);    //结束父进程
         /* 循环下一个 */
    }
    /* 结束通信 */
return 0;
```

```
    }
    *****************************/
```

（2）编写客户端代码 tcp_client.c。

```
    #include <stdlib.h>
    #include <stdio.h>
    #include <errno.h>
    #include <string.h>
    #include <netdb.h>
    #include <sys/types.h>
    #include <netinet/in.h>
    #include <sys/socket.h>
    #define portnumber 3333
    int main(int argc, char *argv[])
    {
        int sockfd;
        char buffer[1024];
        struct sockaddr_in server_addr;
        struct hostent *host;
        /* 1、客户程序开始建立 sockfd 描述符 */
        if((sockfd=socket(AF_INET,SOCK_STREAM,0))==-1)
//AF_INET:Internet;SOCK_STREAM:TCP
        {
            fprintf(stderr,"Socket Error:%s\a\n",strerror(errno));
            exit(1);
        }
        /* 2、客户程序填充服务端的资料 */
    bzero(&server_addr,sizeof(server_addr));        // 初始化,置 0
    server_addr.sin_family=AF_INET;                 // IPV4
    server_addr.sin_port=htons(portnumber);   /* (将本机器上的 short 数据转化为网络
上的 short 数据)端口号 */
    server_addr.sin_addr.s_addr=htonl(INADDR_ANY);
        /* 3、connect 函数,客户程序发起连接请求 */
    if(( connect( sockfd, &server_addr, sizeof(server_addr))<0)
    {
    printf("connet error!");
    exit(-1);
    }z
```

```
    /* 连接成功了 */
    printf("Please input char:\n");
    /* 等待终端输入数据 */
    fgets(buffer,1024,stdin);
    //4、write 函数发送 buffer 数据
    write( sockfd,buffer,strlen(buffer));
    /* 结束通信 */
    close(sockfd);
    exit(0);
}

/*****************完整程序************************
#include <stdlib.h>
#include <stdio.h>
#include <errno.h>
#include <string.h>
#include <netdb.h>
#include <sys/types.h>
#include <netinet/in.h>
#include <sys/socket.h>

#include<arpa/inet.h>//inet_ntoa()
#include <unistd.h>//read(),close()

#define portnumber 3333
int main(int argc, char *argv[])
{
    int sockfd;
    char buffer[1024];
    struct sockaddr_in server_addr;
    struct hostent *host;

    /* 1、客户程序开始建立 sockfd 描述符 */
    if((sockfd=socket(AF_INET,SOCK_STREAM,0))==-1)
    //AF_INET:Internet;SOCK_STREAM:TCP
    {
        fprintf(stderr,"Socket Error:%s\a\n",strerror(errno));
        exit(1);
```

```
    }
    /* 2、客户程序填充服务端的资料 */
    bzero(&server_addr,sizeof(server_addr)); // 初始化,置 0
    server_addr.sin_family=AF_INET;         // IPV4
    server_addr.sin_port=htons(portnumber);
    // (将本机器上的 short 数据转化为网络上的 short 数据)端口号
    server_addr.sin_addr.s_addr=htonl(INADDR_ANY);
    /* 3、connect 函数,客户程序发起连接请求 */
    if(connect( sockfd, (struct sockaddr *)(&server_addr), sizeof(server_addr))<0){
        printf("connet error!");
        exit(-1);
    }

    /* 连接成功了 */
    printf("Please input char:\n");
    /* 等待终端输入数据 */
    fgets(buffer,1024,stdin);
     //4、write 函数发送 buffer 数据
    write( sockfd,buffer,strlen(buffer));
    /* 结束通信 */
    close(sockfd);
    exit(0);
return 0;

}
************************************************/
```

（3）编译并运行应用程序。

```
[root@localhost tcp]# gcc tcp_client.c -o tcp_client
[root@localhost tcp]# ./tcp_client
Please input char:
hello
[root@localhost tcp]# ./tcp_client
Please input char:
Linux
[root@localhost tcp]#
```

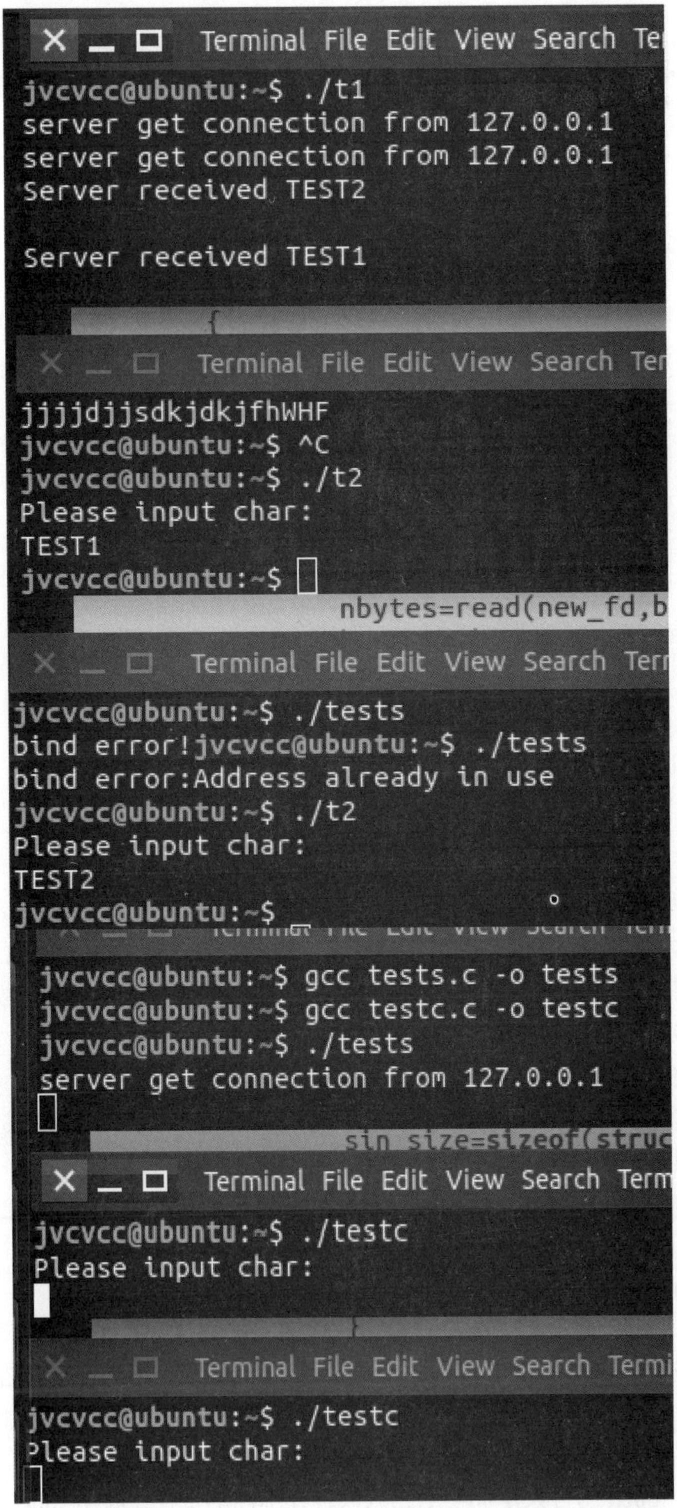

```
Terminal File Edit View Search Te
jvcvcc@ubuntu:~$ ./t1
server get connection from 127.0.0.1
server get connection from 127.0.0.1
Server received TEST2

Server received TEST1
```

```
Terminal File Edit View Search Te
jjjdjjsdkjdkjfhWHF
jvcvcc@ubuntu:~$ ^C
jvcvcc@ubuntu:~$ ./t2
Please input char:
TEST1
jvcvcc@ubuntu:~$
                  nbytes=read(new_fd,b
```

```
Terminal File Edit View Search Ter
jvcvcc@ubuntu:~$ ./tests
bind error!jvcvcc@ubuntu:~$ ./tests
bind error:Address already in use
jvcvcc@ubuntu:~$ ./t2
Please input char:
TEST2
jvcvcc@ubuntu:~$
```

```
jvcvcc@ubuntu:~$ gcc tests.c -o tests
jvcvcc@ubuntu:~$ gcc testc.c -o testc
jvcvcc@ubuntu:~$ ./tests
server get connection from 127.0.0.1

                  sin_size=sizeof(struc
```

```
Terminal File Edit View Search Term
jvcvcc@ubuntu:~$ ./testc
Please input char:
```

```
Terminal File Edit View Search Termi
jvcvcc@ubuntu:~$ ./testc
Please input char:
```

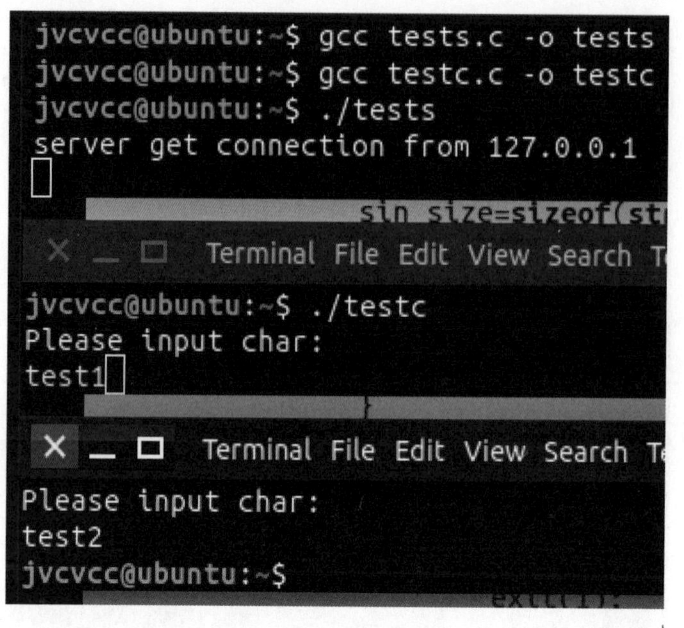


```
[root@localhost tcp]# gcc tcp_server.c -o tcp_server
[root@localhost tcp]# ./tcp_server
Server get connection from 127.0.0.1
Server received hello

Server get connection from 127.0.0.1
Server received Linux
```

先运行服务器程序 tcp_server，然后在另一个终端中运行客户端程序 tcp_client。从运行情况可以看出，在没有客户端连接上来时服务器程序阻塞在 accept 函数上，等待连接；当有客户端程序连接上来时，阻塞在 read 函数上，等待读取消息。客户端发送一条消息后结束，服务器读取消息并打印出来，继续等待新的连接。

- **上机报告要求：**

上面的 TCP 服务器每次只能处理一次客户端请求，可尝试将它改写成并发 TCP 服务器，即可以处理多个客户端请求，测试成功后将代码写入实验报告。

/***

#include<sys/socket.h>

int socket(int domain, int type, int protocol)

socket 函数对应于普通文件的打开操作。普通文件的打开操作返回一个文件描述字，而 socket()用于创建一个 socket 描述符（socket descriptor），它唯一标识一个 socket。这个 socket 描述符跟文件描述字一样，后续的操作都有用到它，把它作为参数，通过它来进行一些读写操作。

正如可以给 fopen 的传入不同参数值，以打开不同的文件。创建 socket 时，也可以指定不同的参数创建不同的 socket 描述符，socket 函数的三个参数分别为：

domain：即协议域，又称为协议族（family）。

常用的协议族有：

AF_INET（IPv4 因特网域）;

AF_INET6（IPv6 因特网域）;

AF_LOCAL（或称 AF_UNIX，Unix 域 socket）;

AF_ROUTE 等等。

协议族决定了 socket 的地址类型，在通信中必须采用对应的地址，如 AF_INET 决定了要用 ipv4 地址（32 位的）与端口号（16 位的）的组合；AF_UNIX 决定了要用一个绝对路径名作为地址。

type：指定 socket 类型。常用的 socket 类型有：

SOCK_STREAM（流式套接字 TCP）;

SOCK_DGRAM（数据报套接字 UDP）;

SOCK_RAW;

SOCK_PACKET;

SOCK_SEQPACKET 等等（socket 的类型有哪些？）。

protocol：故名思义，就是指定协议。按给定的域和套接字类型选择默认协议，通常为 0。常用的协议有：

IPPROTO_TCP;

IPPTOTO_UDP;

IPPROTO_SCTP;

IPPROTO_TIPC 等。

它们分别对应 TCP 传输协议；UDP 传输协议；STCP 传输协议；TIPC 传输协议。

当调用 socket 创建一个 socket 时，返回的 socket 描述符存在于协议族(address family，AF_XXX)空间中，但没有一个具体地址。如果想要给它赋值一个地址，就必须调用 bind()函数，否则当调用 connect()、listen()时系统会自动随机分配一个端口。

字节序转换：不同类型的 CPU 对变量的字节存储顺序可能不同：有的系统是大端字节序，即高位在低地址，即低位在高地址，而有的系统（如 x86）是小端字节序，即低位在低地址，高位在高地址。而网络传输的数据顺序是一定要统一的，所以当内部字节存储顺序与网络字节序（大端字节序）不同时，就一定要进行转换。

unsigned long htonl（unsigned long hostlong）;

unsigned short htons（unsigned short hostshort）;

unsigned long ntohl（unsigned long netlong）;

unsigned short ntohs（unsigned short netshort）;

· htonl()函数是将 32 位无符号长整型数据从主机字节序转换为网络字节序。

返回值：htonl()返回一个网络字节顺序的值。

· htons()函数是将 16 位无符号短整型数据从主机字节序转换为网络字节序。

返回值：htons()返回一个网络字节顺序的值。

· ntohl()/ntohs()函数是将 32/16 位整型数据从网络字节序转换为主机字节序。

通用地址格式：

```
struct sockaddr {
unsigned short sa_family;   /* 地址族, AF_xxx */
char sa_data[14];   /* 14 字节的协议地址*/
   };
```

sa_family：协议族，采用“AF_xxx”形式，如 AF_INET（IP 协议族）(domain)。

sa_data：包含了一些远程计算机的地址、端口和套接字的数目，它里面的数据是夹杂在一起的。

```
struct sockaddr_in {
short int sin_family; /*  地址族  */
unsigned short int sin_port; /*  端口号  */
struct in_addr sin_addr; /* Internet 地址  */
unsigned char sin_zero[8]; /*  与 struct sockaddr 一样的长度  */
};
```

IP 地址通常由数字加点（192.168.0.1）的形式表示，而 struct in_addr 中使用的 IP 地址是由 32 位的整数表示的，为了转换我们可以使用下面两个函数：

```
in_addr_t inet_addr（const char* strptr）;
```

将一个点分十进制的 IP 转换成一个长整数型数（u_long 类型）。

```
char *inet_aton（struct in_addr in）
```

本函数将一个用 in 参数所表示的 Internet 地址结构转换成以“.”间隔的诸如“a.b.c.d”的字符串形式。请注意 inet_ntoa()返回的字符串存放在 WINDOWS 套接口实现所分配的内存中。

```
struct in_addr {
unsigned long s_addr;
};
#include<sys/socket.h>
int bind(int sockfd, const struct sockaddr *addr, socklen_t addrlen);
```

将一本地地址与一套接口捆绑。本函数适用于未连接的数据报或流类套接口，在 connect()或 listen()调用前使用。当用 socket()创建套接口后，它便存在于一个名字空间（地址族）中，但并未赋名。bind()函数通过给一个未命名套接口分配一个本地名字来为套接口建立本地捆绑（主机地址/端口号）。

函数的三个参数分别为：

sockfd：即 socket 描述字，它是通过 socket()函数创建的，唯一标识一个 socket。Bind()函数就是将给这个描述字绑定一个名字。

addr：一个 const struct sockaddr *指针，指向要绑定给 sockfd 的协议地址。这个地址结构根据地址创建 socket 时的地址协议族的不同而不同。

addrlen：对应的是地址的长度。通常设为 scokaddr 结构的长度。

返回值：成功返回 0，否则返回-1。

如果作为一个服务器，在调用 socket()、bind()之后就会调用 listen()来监听这个 socket。

如果客户端这时调用 connect()发出连接请求，服务器端就会接收到这个请求。

```
#include<sys/socket.h>
int connect(int sockfd, const struct sockaddr *addr, socklen_t addrlen);
```

函数的参数分别为：

sockfd：为客户端的 socket 描述字。

addr：为服务器的 socket 地址（为指向 sockaddr 结构的指针）。

addrlen：为 socket 地址的长度。

客户端通过调用 connect() 函数来建立与 TCP 服务器的连接。

返回值：0 成功，-1 错误。

```
#include<sys/socket.h>
int listen(int sockfd, int backlog);
```

函数的参数分别为：

sockfd：为要监听的 socket 描述字。

backlog：为相应 socket 可以排队的最大连接个数。系统默认值为 20，0 表示无限制。

Socket()函数创建的 socket 默认是一个主动类型的，listen() 函数将 socket 变为被动类型，以等待客户的连接请求。

返回值：0 成功，-1 失败。

```
int accept(int sockfd, struct sockaddr *addr, socklen_t *addrlen);
```

函数的参数分别为：

sockfd：为（被监听的）服务器的 socket 描述字。

addr：为指向 struct sockaddr *的指针（指向 sockaddr_in 结构的指针，存放提出连接请求服务的主机 IP 和端口号信息），用于返回客户端的协议地址。

addrlen：为协议地址的长度。

返回值：成功，返回值是由内核自动生成的一个全新的描述字，进程可以通过这个新的描述符同客户进程传输数据。失败则返回-1。

```
#include <unistd.h>
        ssize_t read(int fd, void *buf, size_t count);
        ssize_t write(int fd, const void *buf, size_t count);
        #include <sys/types.h>
        #include <sys/socket.h>
        ssize_t send(int sockfd, const void *buf, size_t len, int flags);
        ssize_t recv(int sockfd, void *buf, size_t len, int flags);
        ssize_t sendto(int sockfd, const void *buf, size_t len, int flags,
              const struct sockaddr *dest_addr, socklen_t addrlen);
        ssize_t recvfrom(int sockfd, void *buf, size_t len, int flags,
              struct sockaddr *src_addr, socklen_t *addrlen);
        ssize_t sendmsg(int sockfd, const struct msghdr *msg, int flags);
        ssize_t recvmsg(int sockfd, struct msghdr *msg, int flags);
```

第 3 章　实践练习解析

3.1　进程控制练习解析

（1）在 Linux 系统下创建一个新进程，在子进程中实现输出“hello world”字符串，在父进程中输出“welcome to mrsoft!”字符串。

```
#include<sys/types.h>
#include<stdio.h>
#include<stdlib.h>
#include<unistd.h>
int main(void)
{
    pid_t pid;
    if((pid=fork())<0)                /*创建新进程*/
    {
        printf("fork error!\n");
        exit(1);
    }
    else if(pid==0)                   /*新创建的子进程*/
    {
        printf("hello world!\n");
    }
    else
    {
        printf("welcome to mrsoft\n");
    }
    exit(0);
}
```

（2）在 Linux 系统下使用 execl()函数代替一个 hello.c 文件，在 hello.c 文件中实现从 1 到 100 的累加计算。

```
#include<stdio.h>
#include<unistd.h>
```

```
#include<sys/types.h>
int main(int argc,char* argv[])
{
    execl("hello",argv[0],NULL);
}
hello.c
#include "stdio.h"
main()
{
    int i,s=0;
    for(i=1;i<=100;i++)
        s=s+i;
    printf("1+2+..100=%d\n",s);
}
```

（3）在 Linux 系统中演示 wait()函数的使用方法，实现输出在进程中调用 wait()函数时正常退出的返回信息，以及接收到的各种信号时返回的信息。

```
#include<sys/types.h>
#include<sys/wait.h>
#include<unistd.h>
#include<stdio.h>
#include<stdlib.h>
void exit_s(int status)
{
    if(WIFEXITED(status))
        printf("normal exit,status=%d\n",WEXITSTATUS(status));
    else if(WIFSIGNALED(status))
        printf("signal exit!status=%d\n",WTERMSIG(status));
}
int main(void)
{
    pid_t pid,pid1;
    int status;
    if((pid=fork())<0)
    {
        printf("child process error!\n");
        exit(0);
    }
```

```
        else if(pid==0)
        {
            printf("the child process!\n");
            exit(2);
        }
        if(wait(&status)!=pid)
        {
            printf("this is a parent process!\nwait error!\n");
            exit(0);
        }
        exit_s(status);
        if((pid=fork())<0)
        {
            printf("child process error!\n");
            exit(0);
        }
        else if(pid==0)
        {
            printf("the child process!\n");
            pid1=getpid();
        //  kill(pid1,9);
        //  kill(pid1,17);
            kill(pid1,19);
        }
        if(wait(&status)!=pid)
        {
            printf("this is a parent process!\nwait error!\n");
            exit(0);
        }
        exit_s(status);

    exit(0);

}
```

（4）在 Linux 系统下创建一块共享内存，并通过调用系统函数来查看共享内存的详细信息。

```
#include<stdio.h>
#include<string.h>
```

```
#include<unistd.h>
#include<sys/types.h>
#include<sys/ipc.h>
#include<sys/shm.h>
#include <time.h>
int main()
{
    int shmid;
    int proj_id;
    key_t key;
    int size;
    char *addr;
    pid_t pid;
    struct shmid_ds buf;
    struct tm *time;
    key=IPC_PRIVATE;
    shmid=shmget(key,1024,IPC_CREAT|0660);        /*创建共享内存*/
    if(shmid==-1)
    {
        perror("创建共享内存失败!");
        return 1;
    }
    addr=(char*)shmat(shmid,NULL,0);
    if(addr==(char *)(-1))
    {
        perror("不能附加到进程!");
        return 1;
    }
    printf("共享内存地址:%x\n",addr);
    strcpy(addr,"欢迎来到明日科技!");
    pid=fork();
    if(pid==-1)
    {
        perror("错误!!!!");
        return 1;
    }
    else if(pid==0)
    {
```

```
            printf("子进程中获取的字符串是' %s'\n",addr);
            _exit(0);
        }
        else
        {
            wait(NULL);
            printf("父进程中获取的字符串是 '%s'\n",addr);
            if(shmdt(addr)==-1)
            {
                perror("释放共享内存失败!");
                return 1;
            }
            if(shmctl(shmid,IPC_STAT,&buf)==-1)
            {
                perror("失败!");
                return 1;
            }
            printf("共享内存区域字节大小:%d\n",buf.shm_segsz);
            printf("创建该共享内存的进程 ID:%d\n",buf.shm_cpid);
            printf("最近一次调用 shmop 函数的进程 ID:%d\n",buf.shm_lpid);
            printf("使用该共享内存的进程数%ld:\n",buf.shm_nattch);
            printf("最近一次附加操作的时间:%s",ctime(&buf.shm_atime));
            printf("最近一次分离操作的时间:%s",ctime(&buf.shm_dtime));
            printf("最近一次改变的时间:%s",ctime(&buf.shm_ctime));
            if(shmctl(shmid,IPC_RMID,NULL)==-1)
            {
                perror("失败!");
                return 1;
            }
        }
        return 0;
}
```

（5）在 Linux 系统下创建一个消息队列，然后删除新创建的消息队列。

```
#include<sys/types.h>
#include<sys/ipc.h>
#include<sys/msg.h>
#include<stdio.h>
```

```
#include<stdlib.h>
#include<string.h>
int main(void)
{
key_t key;
int proj_id=1;
int msqid;
struct msgbuf
{
long msgtype;
char msgtext[1024];
}snd,rcv;
key=ftok(".",proj_id);                    /*创建新进程*/
if(key==-1)
{
perror("获取键值错误!");
return 1;
}
if((msqid=msgget(key,IPC_CREAT|0666))==-1)/*创建消息队列*/
{
printf("创建消息队列错误!\n");
exit(1);
}
printf("创建消息队列成功!\n");

if(msgctl(msqid,IPC_RMID,0)!=0)           /*删除新创建的消息队列*/
{
printf("删除消息队列错误!\n");
exit(1);
}
printf("删除消息队列成功!\n");
exit(0);
}
```

（6）在 Linux 系统中，调用 pipe()函数创建一个管道，实现管道的单向通信。

```
#include<unistd.h>
#include<stdio.h>
#include<string.h>
#define MAXSIZE 100
```

```
int main(void)
{
    int fd[2],pid,line;
    char message[MAXSIZE];
    /*create pipe*/
    if(pipe(fd)==-1)
    {
        perror("create pipe failed!");
        return 1;
    }
    /*create new process*/
    else if((pid=fork())<0)
    {
        perror("not create a new process!");
        return 1;
    }
    /*child process*/
    else if(pid==0)
    {
        close(fd[0]);
        printf("child process send message!\n");
        write(fd[1],"Welcome to mrsoft!",19);
    }
    else
    {
        close(fd[1]);
        printf("parent process receive message is:\n ");
        line=read(fd[0],message,MAXSIZE);
        write(STDOUT_FILENO,message,line);
        printf("\n");
        wait(NULL);
        _exit(0);

    }
    return 0;

}
```

（7）在 Linux 系统中，使用 mkfifo()函数创建命名管道，并最终实现在命名管道中传递数据。

```
#include<stdio.h>
#include<sys/types.h>
#include<sys/stat.h>
#include<fcntl.h>
#include<stdlib.h>
#define FIFO "fifo4"
int main(void)
{
int fd;
int pid;
char r_msg[BUFSIZ];
if((pid=mkfifo(FIFO,0777))==-1)
{
perror("create fifo channel failed!");
return 1;
}
else
printf("create success!\n");
fd=open(FIFO,O_RDWR);
if(fd==-1)
{
perror("cannot open the FIFO");
return 1;
}
if(write(fd,"hello world",12)==-1)
{
perror("write data error!");
return 1;
}
else
printf("write data success!\n");


if(read(fd,r_msg,BUFSIZ)==-1)
{
perror("read error!");
return 1;
```

```
    }
    else
    printf("the receive data is %s!\n",r_msg);
    close(fd);

    return 0;

    }
```

（8）在 Linux 系统中，使用 shmget()函数创建一个共享内存区域，在这个共享内存区域中写入字符串“welcome to mrsoft!”，然后在父进程中分别读取共享内存中的数据，进而实现进程间的数据交换操作。

```
#include<stdio.h>
#include<string.h>
#include<unistd.h>
#include<sys/types.h>
#include<sys/ipc.h>
#include<sys/shm.h>
int main()
{
    int shmid;
    int proj_id;
    key_t key;
    int size;
    char *addr;
    pid_t pid;
    key=IPC_PRIVATE;
    shmid=shmget(key,1024,IPC_CREAT|0660);
    if(shmid==-1)
    {
        perror("create share memory failed!");
        return 1;
    }
    addr=(char*)shmat(shmid,NULL,0);
    if(addr==(char *)(-1))
    {
        perror("cannot attach!");
        return 1;
    }
```

```
        printf("share memory segment's address:%x\n",addr);
        strcpy(addr,"welcome to mrsoft!");
        pid=fork();
        if(pid==-1)
        {
            perror("error!!!!");
            return 1;
        }
        else if(pid==0)
        {
            printf("child process string is' %s'\n",addr);
            _exit(0);
        }
        else
        {
            wait(NULL);
            printf("parent process string is '%s'\n",addr);
            if(shmdt(addr)==-1)
            {
                perror("release failed!");
                return 1;
            }
            if(shmctl(shmid,IPC_RMID,NULL)==-1)
            {
                perror("failed!");
                return 1;
            }
        }
        return 0;

    }
```

（9）在 Linux 系统中，根据多个信号量组合作用的结果来决定任务的运行方式，信息量集就是对多个输入的逻辑信号进行基本逻辑运算的组合逻辑。使用信息量集实现对共享资源的互斥访问，即同一时刻只允许一个进程对共享资源访问。

```
    #include <sys/types.h>
    #include <linux/sem.h>
    #include<stdlib.h>
    #include<stdio.h>
```

```
#define RESOURCE        4

int main(void)
{
key_t key;
int semid;
struct sembuf sbuf = {0,-1,IPC_NOWAIT};
union semun arg;

if ((key = ftok(".",'c')) == -1)
        {
           perror("ftok error!\n");
           exit(1);
        }

if ((semid = semget(key,1,IPC_CREAT|0666)) == -1)
        {
           perror("semget error!\n");
           exit(1);
        }

arg.val = RESOURCE;
printf("可使用资源共有 %d 个\n",arg.val);
if (semctl(semid,0,SETVAL,arg) == -1)
        {
           perror("semctl error!\n");
           exit(1);
        }

while (1)
        {
           if (semop(semid,&sbuf,1) == -1)
        {
        perror("semop error!\n");
        exit(1);
        }
           sleep(3);
        }
semctl(semid,0,IPC_RMID,0);
```

```
exit(0);
}

#include <sys/types.h>
#include <linux/sem.h>
#include<stdlib.h>
#include<stdio.h>
int main(void)
{
key_t key;
int semid,semval;
union semun arg;

if ((key = ftok(".",'c')) == -1)
    {
      perror("key error!\n");
      exit(1);
    }
/*open signal */
if ((semid = semget(key,1,IPC_CREAT|0666)) == -1)
    {
      perror("semget error!\n");
      exit(1);
    }

while(1)
    {
      if ((semval = semctl(semid,0,GETVAL,0)) == -1)
    {
    perror("semctl error!\n");
    exit(1);
    }
      if (semval > 0)
    {
    printf("还有%d 个资源可以使用\n",semval);
    }
      else
    {
```

```
            printf("没有资源可以使用\n");
            break;
            }

              sleep(3);
            }
    exit(0);
    }
```

（10）在 Linux 系统中，使用 msgget()函数创建一个消息队列，通过 msgsnd()函数发送两次消息：第一次发送的消息内容为“hello mrsoft!”，第二次发送的消息为“goodbye!”。接下来调用 msgrcv()函数接受消息，这样就可实现一个消息队列的进程间通信。

```
#include<sys/types.h>
#include<sys/ipc.h>
#include<sys/msg.h>
#include<stdio.h>
#include<stdlib.h>
#include<string.h>
int main(void)
{
key_t key;
int proj_id=1;
int msqid;
char message1[]={"hello mrsoft!"};
char message2[]={"goodbye!"};
struct msgbuf
{
long msgtype;
char msgtext[1024];
}snd,rcv;
key=ftok(".",proj_id);
if(key==-1)
{
perror("create key error!");
return 1;
}
if((msqid=msgget(key,IPC_CREAT|0666))==-1)
{
printf("magget error!\n");
```

```
exit(1);
}
snd.msgtype=1;
sprintf(snd.msgtext,message1);
if(msgsnd(msqid,(struct msgbuf *)&snd,sizeof(message1)+1,0)==-1)
{
printf("msgsnd error!\n");
exit(1);
}
snd.msgtype=2;
sprintf(snd.msgtext,"%s",message2);
if(msgsnd(msqid,(struct msgbuf *)&snd,sizeof(message2)+1,0)==-1)
{
printf("msgrcv error!\n");
exit(1);
}
if(msgrcv(msqid,(struct msgbuf *)&rcv,80,1,IPC_NOWAIT)==-1)
{
printf("msgrcv error!\n");
exit(1);
}
printf("the received message:%s.\n",rcv.msgtext);
//msgctl(msgid,IPC_RMID,0);
system("ipcs -q");
exit(0);
}
```

3.2 文件操作练习解析

（1）通过系统调用函数 symlink()为已经存在的文件 eq1.c 创建一个符号链接，名称为 symbol.c。打开这个符号链接文件，获取该文件的名称，10 秒钟之后，再通过 unlink()函数删除此符号链接文件。

```
#include<sys/types.h>
#include<sys/stat.h>
#include<fcntl.h>
#include<stdio.h>
#include<stdlib.h>
```

```
    #include "string.h"
    int main()
    {
        char *oldpath="eq1.c";      /*原文件路径，要保证在当前目录下存在这个文件*/
        char *newpath="symbol.c";       /*新符号链接文件路径*/
        char buf[200];
        if(symlink(oldpath,newpath)==-1)              /*创建一个符号链接*/
        {
            perror("创建符号链接失败!");
            return 1;
        }
        printf("创建符号链接成功!\n");
        memset(buf,0,200);
        if(readlink(newpath,buf,200)<0)               /*打开这个符号链接*/
        {
            perror("打开失败!");
            return 1;
        }
        printf("打开成功!\n");
        printf("通过符号链接获取文件名:%s\n",buf);
        sleep(10);                              /*暂停 10 秒*/
        if(unlink(newpath)<0)                   /*删除符号链接文件*/
        {
            perror("删除符号链接失败!");
            return 1;
        }
        printf("符号链接已删除!\n");
        sleep(10);
        printf("操作结束!\n");
        return 0;
    }
```

（2）使用 mkdir()函数创建一个新的工作目录文件，然后调用 rmdir()函数删除这个目录文件。

```
    #include<sys/stat.h>
    #include<sys/types.h>
    #include<stdio.h>
    int main()
```

```
{
    char dir[20]="新目录";                 /*创建的新目录*/
    if(mkdir(dir,0700)==-1)                /*调用创建新目录的函数*/
    {
        perror("创建新目录失败!");
        return 1;
    }
    printf("创建新目录成功!\n");
    sleep(3);
    if(rmdir(dir)==-1)  /*调用删除目录的函数*/
    {
        perror("删除目录失败!");
        return 1;
    }
    printf("删除目录成功!\n");
    return 0;
}
```

（3）通过系统调用函数 link()为已经存在的文件 new.c 创建一个硬链接，名称为 new 2.c。打开这个硬链接文件，10 秒钟之后，再通过 unlink()函数删除此硬链接文件。

```
#include<sys/types.h>
#include<sys/stat.h>
#include<fcntl.h>
#include<stdio.h>
#include<stdlib.h>
int main()
{
    char *oldpath="new.c";              /*原文件路径*/
    char *newpath="new2.c";             /*新硬链接文件路径*/
    if(link(oldpath,newpath)==-1)   /*创建一个硬链接*/
    {
        perror("create hard link failed!");
        return 1;
    }
    printf("create hard link successful!\n");
    if(open(newpath,O_RDWR)<0)/*打开这个硬链接*/
    {
        perror("open error!");
```

```
            return 1;
        }
        printf("open successful!\n");
        sleep(20);/*暂停 10 秒*/
        if(unlink(newpath)<0)/*删除硬链接文件*/
        {
            perror("unlink error!");
            return 1;
        }
        printf("file unlink!\n");
        sleep(10);
        printf("well done!\n");
        return 0;
}
```

（4）通过调用几种系统调用函数，对文件进行简单的读写操作。

```
#include<stdio.h>
#include<sys/types.h>
#include<sys/stat.h>
#include<fcntl.h>
#include<unistd.h>
int main()
{
    char *path="test.c";              /*进行操作的文件路径*/
    int fd;
    char buf[40],buf2[]="hello mrcff";          /*自定义读写用的缓冲区*/
    int n,i;
    if((fd=open(path,O_RDWR))<0)               /*打开文件*/
    {
        perror("open file failed!");
        return 1;
    }
    else
        printf("open file successful!\n");
    if((n=read(fd,buf,20))<0)                  /*读取文件中的数据*/
    {
        perror("read failed!");
        return 1;
```

```
    }
    else
    {     printf("output read data:\n");
          printf("%s\n",buf);                  /*将读取的数据输出到终端控制台*/
    }
    if((i=lseek(fd,11,SEEK_SET))<0)  /*定位到从文件开头处到第 11 个字节处*/
    {
          perror("lseek    error!");
          return 1;
    }
    else
    {
          if(write(fd,buf2,11)<0)                    /*向文件中写入数据*/
          {
                perror("write error!");
                return 1;
          }
          else
          {
                printf("write successful!\n");

          }
    }
    close(fd);                   /*关闭文件的同时保存了对文件的改动*/

    if((fd=open(path,O_RDWR))<0)                 /*打开文件*/
    {
          perror("open file failed!");
          return 1;
    }
    if((n=read(fd,buf,40))<0)                    /*读取数据*/
    {
          perror("read 2 failed!");
          return 1;
    }
    else
    {
          printf("read the changed data:\n");
```

```
			printf("%s\n",buf);                /*将数据输出到终端*/
		}
		if(close(fd)<0)                        /*关闭文件*/
		{
			perror("close failed!");
			return 1;
		}
		else
			printf("good bye!\n");
	return 0;
	}
```

（5）多次调用 fputc()函数向文件 test.c 中写入数组 a 中的字节，然后通过多次调用 fgetc()函数获取文件中的数据存放在字符变量 ch 中，将其显示到终端屏幕上。

```
	#include<stdio.h>

	int main()
	{
		FILE *fp;
		int i;
		char *path="test.c";
		char a[]={'h','e','l','l','o',' ','m','r'};
		char ch;
		fp=fopen(path,"w");/*以只写打开文件*/
		if(fp)                      /*判断是否成功打开文件*/
		{

		for(i=0;i<5;i++)
		{

			if(fputc(a[i],fp)==EOF)/*向文件中循环写入 a 数组中的内容*/
			{
				perror("write error!");
				return 1;
			}
		}

			printf("write successful!\n");
			}
		else
```

```
    {
        printf("open error!\n");
        return 1;
    }
    fclose(fp);                              /*关闭文件*/
    if((fp=fopen("test.c","r"))==NULL)       /*以只读的形式打开文件*/
    {
        perror("open error!");
        return 1;
    }
    printf("output data in the test.c\n");
    for(i=0;i<5;i++)
    {
        if((ch=fgetc(fp))==EOF)/*循环方式获取文件中的 5 个字节*/
        {
            perror("fgetc error!");
            return 1;
        }
        else
        {
            printf("%c",ch);/*输出字符*/
        }
    }
    printf("\nget successful!\nplease examine test.c...\n");
    fclose(fp);/*关闭文件*/
return 0;

}
```

（6）通过读取一个文件中的字符，了解 ftell()函数是如何获取当前位置处的位移量的，并且了解 rewind()函数如何将位置指针定位到文件的开头位置。

```
#include<stdio.h>
#include<stdlib.h>
main()
{
    FILE *fp;
    char ch,filename[50];
    printf("请输入文件路径及名称:\n");
    scanf("%s",filename);                        /*输入文件名*/
```

```
        if((fp=fopen(filename,"r"))==NULL)          /*以只读方式打开该文件*/
        {
            printf("不能打开的文件!\n");
            exit(0);
        }
    printf("len0=%d\n",ftell(fp));                  /*输出当前位置*/
        ch = fgetc(fp);
        while (ch != EOF)
        {
            putchar(ch);                            /*输出字符*/
            ch = fgetc(fp);                         /*获取 fp 指向文件中的字符*/
        }
        printf("\n");
    printf("len1=%d\n",ftell(fp));                  /*输出位置指针的当前位置*/
    rewind(fp);                                     /*指针指向文件开头*/
    printf("len2=%d\n",ftell(fp));                  /*输出位置指针当前位置*/
        ch = fgetc(fp);
        while (ch != EOF)
        {
            putchar(ch);                            /*输出字符*/
            ch = fgetc(fp);
        }
        printf("\n");
        fclose(fp);                                 /*关闭文件*/
    }
```

（7）编程实现将文件中的制表符换成恰当数目的空格，要求每次读写操作后都调用ferror()函数检查错误，并将改变后的文件存储在第二次输入的文件路径中。

```
#include <stdio.h>
#include <stdlib.h>
void error(int e)                           /*自定义 error 函数判断出错的性质*/
{
    if(e == 0)
        printf("Input error\n");
    else
        printf("Output error\n");
    exit(1);                                        /*跳出程序 */
}
```

```
main()
{
    FILE *in,   *out;                       /*第一两个文件类型指针 in 和 out*/
    int tab, i;
    char ch, filename1[30], filename2[30];
    printf("Please input the filename1:");
    scanf("%s", filename1);                         /*输入文件路径及名称*/
    printf("Please input the filename2:");
    scanf("%s", filename2);                         /*输入文件路径及名称*/
    if ((in = fopen(filename1, "rb")) == NULL)
    {
        printf("Can not open the file %s。\n", filename1);
        exit(1);
    }
    if ((out = fopen(filename2, "wb")) == NULL)
    {
        printf("Can not open the file %s。\n", filename2);
        exit(1);
    }
    tab = 0;
    ch = fgetc(in);                          /*从指定的文件中读取字符*/
    while (!feof(in))
        /*检测是否有读入错误*/
    {
        if (ferror(in))
            error(0);
        if (ch == '\t')
            /*如果发现制表符,则输出相同数目的空格符*/
        {
            for (i = tab; i < 8; i++)
            {
                putc(' ', out);
                if (ferror(out))
                    error(1);
            }
            tab = 0;
        }
        else
```

```
            {
                putc(ch, out);
                if (ferror(out))
                    /*检查是否有输出错误*/
                    error(1);
                tab++;
                if (tab == 8)
                    tab = 0;
                if (ch == '\n' || ch == '\r')
                    tab = 0;
            }
            ch = fgetc(in);
        }

        fclose(in);
        fclose(out);
    }
```

（8）合并两个文件中的信息，将合并后的信息存放在第一次输入的文件中。

```
#include<stdio.h>
#include<stdlib.h>
main()
{
    char ch, filename1[50], filename2[50];
/*数组和变量的数据类型为字符型*/
    FILE *fp1,   *fp2;
/*定义两个指向 FILE 类型结构体的指针变量*/
    printf("Please input filename1:\n");
    scanf("%s", filename1);
/*输入文件所在路径及名称*/
    if ((fp1 = fopen(filename1, "a+")) == NULL)
/*以读写方式打开指定文件*/
    {
        printf(" Cannot open\n");
        exit(0);
    }
    printf("File1:\n");
    ch = fgetc(fp1);
    while (ch != EOF)
```

```
        {
            putchar(ch);
/*将文件 1 中的内容输出*/
            ch = fgetc(fp1);
        }
        printf("\nPlease input filename2:\n");
        scanf("%s", filename2);
/*输入文件所在路径及名称*/
        if ((fp2 = fopen(filename2, "r")) == NULL)
/*以只读方式打开指定文件*/
        {
            printf("Cannot open\n");
            exit(0);
        }
        printf("File2:\n");
        ch = fgetc(fp2);
        while (ch != EOF)
        {
            putchar(ch);
/*将文件 2 中的内容输出*/
            ch = fgetc(fp2);
        }
        fseek(fp2, 0L, 0);
/*将文件 2 中的位置指针移到文件开始处*/
        ch = fgetc(fp2);
        while (!feof(fp2))
        {
            fputc(ch, fp1);
/*将文件 2 中的内容输出到文件 1 中*/
            ch = fgetc(fp2);
/*继续读取文件 2 中的内容*/
        }
        fclose(fp1);                                            /*关闭文件 1*/
        fclose(fp2);                                            /*关闭文件 2*/
}
```

3.3 信号处理练习解析

（1）结合产生信号的函数，产生不同的信号，并通过 signal()函数捕捉信号，掌握 signal()函数的使用方法。

```
#include<stdio.h>
#include<signal.h>
#include<stdarg.h>
void sigint(int sig);
void sigcont(int sig);
int main(void)
{
char a[100];
if(signal(SIGINT,&sigint)==SIG_ERR)/*修改 SIGINT 信号的处理方法为 sigint()函数*/
{
perror("sigint signal error!");
}
if(signal(SIGCONT ,&sigcont)==SIG_ERR)/*修改 SIGCONT 信号的处理方法为 sigcont()函数*/
{
perror("sigcont error!");
}
if(signal(SIGQUIT,SIG_IGN))/*修改 SIGQUIT 信号的处理方法为 SIG_IGN*/
{
perror("sigquit error!");
}
printf("current process is: %d\n\n",getpid());//获取当前进程的 ID

while(1)
{
printf("input a:");
fgets(a,sizeof(a),stdin);//获取键盘输入的字符串
if(strcmp(a,"terminate\n")==0)//比较字符串 a 与 terminate 字符
{
raise(SIGINT);//若两个字符串相同,则将 SIGINT 信号发送给当前进程
}
else if(strcmp(a,"continue\n")==0)
{
```

```
    raise(SIGCONT);/*获取的字符串若与比较字符串相同,则产生 SIGCONT 信号给当前进程*/
    }
    else if(strcmp(a,"quit\n")==0)
    {
    raise(SIGQUIT);
    }
    else if(strcmp(a,"game over\n")==0)
    {
    raise(SIGTSTP);
    }
    else
    {
    printf("your input is:%s\n\n",a);
    }
    }
    return 0;
    }
    void sigint(int sig)//SIGINT 信号的新的处理方法
    {
    printf("SIGINT signal %d.;\n",sig);
    }
    void sigcont(int sig)//SIGCONT 信号的新的处理方法
    {
    printf("SIGCONT signal %d.;\n",sig);
    }
```

（2）调用信号阻塞函数将 SIGINT 信号阻塞。

```
#include <signal.h>
#include <unistd.h>
#include <stdlib.h>
#include <stdio.h>
static void sig_handler(int signo)              /*自定义的信号 SIGINT 处理函数*/
{
      printf("信号 SIGINT 被捕捉！ \n ");
}
int main()
{
```

```
    sigset_t new, old, pend;
    /*注册一个信号处理函数 sig_handler*/
    if (signal(SIGINT, sig_handler) == SIG_ERR)
    {
        perror("signal");
        exit(1);
    }
    if (sigemptyset(&new) < 0)                    /*清空信号集*/
        perror("sigemptyset");
    if (sigaddset(&new, SIGINT) < 0)
/*向 new 信号集中添加 SIGINT 信号*/
        perror("sigaddset");
    if (sigprocmask(SIG_SETMASK, &new, &old) < 0)
/*将信号集 new 阻塞*/
    {
        perror("sigprocmask");
        exit(1);
    }
    printf("SIGQUIT 被阻塞！ \n ");
    printf("试着按下 Ctrl+ C,程序会暂停 5 秒等待处理事件！  \n");
    sleep(5);
    if (sigpending(&pend) < 0)                    /*获得未决的信号类型*/
        perror("sigpending");
    if (sigismember(&pend, SIGINT))
/*检查 SIGINT 信号是否为未决的信号类型*/
        printf("信号 SIGINT 未决\n ");
    if (sigprocmask(SIG_SETMASK, &old, NULL) < 0)
/*恢复为原始的信号掩码,解开阻塞*/
    {
        perror("sigprocmask");
        exit(1);
    }
    printf(" SIGINT 已被解开阻塞  \n");
    printf("再试着按下 Ctrl +C   \n");
    sleep(5);
    return 0;
}
```

（3）在 Linux 系统下，自定义一个 sleep()函数，从键盘输入休息的时间，通过 sigaction()

函数修改 SIGALRM 信号的默认处理方法，通过 alarm()和 pause()函数，实现 sleep()函数的功能。

```
#include <unistd.h>
#include <signal.h>
#include <stdio.h>

void sigfunc(int signo)
{
    /* nothing to do */
}

unsigned int mysleep(unsigned int second)
{
    struct sigaction newact, oldact;
    unsigned int stop;

    newact.sa_handler = sigfunc;
    sigemptyset(&newact.sa_mask);
    newact.sa_flags = 0;
    sigaction(SIGALRM, &newact, &oldact);
    alarm(second);
    pause();
    stop = alarm(0);
    sigaction(SIGALRM, &oldact, NULL);

    return stop;
}

int main(void)
{
    int s;
    printf("input seconds of sleep!\nsecond=");
    scanf("%d",&s);
    while(1){
        mysleep(s);
        printf("%d seconds passed\n",s);
    }
    return 0;
}
```

3.4 网络编程练习解析

（1）在 Linux 系统中实现在两个计算机中互相传送信息。

```
服务器端程序代码:
#include <sys/types.h>
#include <sys/socket.h>                    // 包含套接字函数库
#include <stdio.h>
#include <netinet/in.h>                    // 包含 AF_INET 相关结构
#include <arpa/inet.h>                     // 包含 AF_INET 相关操作的函数
#include <unistd.h>
#define PORT 3339
int main()
{
char sendbuf[256]="OK";
    char buf[256];
    int s_fd, c_fd;                    // 服务器和客户套接字标识符
    int s_len, c_len;                  // 服务器和客户消息长度
    struct sockaddr_in s_addr;         // 服务器套接字地址
    struct sockaddr_in c_addr;         // 客户套接字地址
    s_fd = socket(AF_INET, SOCK_STREAM, 0);       // 创建套接字
    s_addr.sin_family = AF_INET; // 定义服务器套接字地址中的域
    s_addr.sin_addr.s_addr=htonl(INADDR_ANY);                // 定义套接字地址
    s_addr.sin_port = PORT;          // 定义服务器套接字端口
    s_len = sizeof(s_addr);
    bind(s_fd, (struct sockaddr *) &s_addr, s_len);
// 绑定套接字与设置的端口号
    listen(s_fd, 10);              // 监听状态,守候进程
    printf("请稍候,等待客户端发送数据\n");
    c_len = sizeof(c_addr);
//接收客户端连接请求
    c_fd = accept(s_fd,(struct sockaddr *) &c_addr,(socklen_t *__restrict) &c_len);
    while (1) {
        if(recv(c_fd,buf,256,0)>0) //接收消息 recv(c_fd,buf,256,0)>0
    {
        //read(c_fd,buf,256,0)
        //buf[sizeof(buf)+1]='\0';
        printf("收到客户端消息:\n %s\n",buf);//输出到终端
```

```
            send(c_fd,sendbuf,sizeof(sendbuf),0);//回复消息
            }
        }
        close(c_fd);                                    // 关闭连接
    }
    客户端程序代码:
    #include <sys/types.h>
    #include <sys/socket.h>                             // 包含套接字函数库
    #include <stdio.h>
    #include <netinet/in.h>                             // 包含 AF_INET 相关结构
    #include <arpa/inet.h>                              // 包含 AF_INET 相关操作的函数
    #include <unistd.h>
    #define PORT 3339
    int main() {
        int sockfd;                                     // 客户套接字标识符
        int len;                                        // 客户消息长度
        struct sockaddr_in addr;                        // 客户套接字地址
        int newsockfd;
        char buf[256]="come on!";                       //要发送的消息
        int len2;
        char rebuf[256];
        sockfd = socket(AF_INET,SOCK_STREAM, 0);    // 创建套接字
        addr.sin_family = AF_INET;                      // 客户端套接字地址中的域
        addr.sin_addr.s_addr=htonl(INADDR_ANY);
        addr.sin_port = PORT;                           // 客户端套接字端口
        len = sizeof(addr);
        newsockfd = connect(sockfd, (struct sockaddr *) &addr, len);
    //发送连接服务器的请求
        if (newsockfd == -1) {
            perror("连接失败");
            return 1;
        }
        len2=sizeof(buf);
    while(1){
          printf("请输入要发送的数据:");
          scanf("%s",buf);
          send(sockfd,buf,len2,0);                      //发送消息
          if(recv(sockfd,rebuf,256,0)>0)                //接收新消息
```

```
        {//rebuf[sizeof(rebuf)+1]='\0';
        printf("收到服务器消息:\n%s\n",rebuf);     //输出到终端
        }
    }
    close(sockfd);                                  // 关闭连接
    return 0;
}
```

（2）在 Linux 系统中，实现在两个远端计算机中通过 UDP 协议实现信息的传送。

```
/*服务器端*/
#include <stdio.h>
#include <string.h>
#include <sys/types.h>
#include <netinet/in.h>
#include <sys/socket.h>
#include <errno.h>
#include <stdlib.h>
#include <arpa/inet.h>
#define PORT 8886

int main(int argc, char **argv)
{
    struct sockaddr_in s_addr;          //服务器地址结构
    struct sockaddr_in c_addr;          //客户端地址结构
    int sock;                           //套接字描述符
    socklen_t addr_len;                 //地址结构长度
    int len;                            //接收到的消息字节数
    char buff[128];                     //存放接收消息的缓冲区
/* 创建数据报模式的套接字 */
    if ((sock = socket(AF_INET, SOCK_DGRAM, 0)) == -1) {
        perror("socket");
        exit(errno);
    }
        else
        printf("create socket successful.\n\r");
/*清空地址结构*/
    memset(&s_addr, 0, sizeof(struct sockaddr_in));
/* 设置地址和端口信息 */
    s_addr.sin_family = AF_INET;
```

```
//    if (argv[2])
//            s_addr.sin_port = htons(atoi(argv[2]));
//    else
            s_addr.sin_port = htons(PORT);
//    if (argv[1])
//            s_addr.sin_addr.s_addr = inet_addr(argv[1]);
//    else
            s_addr.sin_addr.s_addr = INADDR_ANY;
/* 绑定地址和端口信息 */
        if ((bind(sock, (struct sockaddr *) &s_addr, sizeof(s_addr))) == -1) {
            perror("bind error");
            exit(errno);
        }
            else
            printf("bind address to socket successfuly.\n\r");
/* 循环接收数据 */
        addr_len = sizeof(c_addr);
        while (1) {
            len = recvfrom(sock, buff, sizeof(buff) - 1, 0,(struct sockaddr *) &c_addr,
&addr_len);
            if (len < 0) {//接收失败
                perror("recvfrom error");
                exit(errno);
            }
            buff[len] = '\0';
            printf("收到来自远端计算机%s,端口号为%d 的消息:\n%s\n\r",inet_ntoa
(c_addr.sin_addr), ntohs(c_addr.sin_port), buff);
        }
        return 0;
}
/*客户端*/
#include <stdio.h>
#include <string.h>
#include <sys/types.h>
#include <netinet/in.h>
#include <sys/socket.h>
```

```
#include <errno.h>
#include <stdlib.h>
#include <arpa/inet.h>
#define PORT 8886

int main(int argc, char **argv)
{//定义变量
	struct sockaddr_in s_addr;                              //套接字地址结构
	int sock;                                               //套接字描述符
	int addr_len;                                           //地址结构长度
	int len;                                                //发送字节长度
	char buff[]="Hello everyone,Merry Christmas!";          //发送的消息
/*  创建数据报模式的套接字  */
	if ((sock = socket(AF_INET, SOCK_DGRAM, 0)) == -1) {
		perror("socket error");
		exit(errno);
	}
		else
		printf("create socket successful.\n\r");
/*  设置对方地址和端口信息  */
	s_addr.sin_family = AF_INET;      //地址族
//	if (argv[2])
//		s_addr.sin_port = htons(atoi(argv[2]));
//	else
		s_addr.sin_port = htons(PORT);
	if (argv[1])
		s_addr.sin_addr.s_addr = inet_addr(argv[1]);
	else {
		printf("没有输入消息的接受者！ \n");
		exit(0);
	}
	addr_len = sizeof(s_addr);     //地址结构长度
/*从客户端的 buff 缓冲区中发送消息到地址结构为 s_addr 的远端机器*/
	len = sendto(sock, buff, sizeof(buff), 0,(struct sockaddr *) &s_addr, addr_len);
	if (len < 0) {                 //如果发送失败
		printf("\n\rsend error.\n\r");
		return 3;
	}
```

```
        printf("send success.\n\r");    //发送成功
        return 0;
    }
```

（3）在 Linux 系统中，通过 TCP 协议的套接字编程，在服务器端的计算机上实现累加求和的计算，数据全部从客户端传送，然后将在服务器端计算、输出到终端，并传回客户端。

```
/*客户端*/
#include <sys/types.h>
#include <sys/socket.h>                    // 包含套接字函数库
#include <stdio.h>
#include <netinet/in.h>                    // 包含 AF_INET 相关结构
#include <arpa/inet.h>                     // 包含 AF_INET 相关操作的函数
#include <unistd.h>
#define PORT 5210
int main() {
int count;
    int sockfd;                            // 客户套接字标识符
    int len;                               // 客户消息长度
    struct sockaddr_in addr;               // 客户套接字地址
    int newsockfd;
    int buf[10]={10,20,30,40,50,60,70,80,90,100};//要发送的消息
    int len2;
    int resum;
    sockfd = socket(AF_INET,SOCK_STREAM, 0);  // 创建套接字
    addr.sin_family = AF_INET;                // 客户端套接字地址中的域
    addr.sin_addr.s_addr=htonl(INADDR_ANY);
    addr.sin_port = PORT;                     // 客户端套接字端口
    len = sizeof(addr);
    newsockfd = connect(sockfd, (struct sockaddr *) &addr, len);
//发送连接服务器的请求
    if (newsockfd == -1) {
        perror("连接失败");
        return 1;
    }
    send(sockfd,buf,sizeof(buf),0);           //发送消息
    resum=0;
    recv(sockfd,&resum,sizeof(resum),0);      //接收新消息
```

```
    printf("receive message:sum is %d\n",resum); //输出到终端
    close(sockfd);                                    // 关闭连接
    return 0;
}
/*服务器*/
#include <sys/types.h>
#include <sys/socket.h>                    // 包含套接字函数库
#include <stdio.h>
#include <netinet/in.h>                    // 包含 AF_INET 相关结构
#include <arpa/inet.h>                     // 包含 AF_INET 相关操作的函数
#include <unistd.h>
#define PORT 5210
int main()
{
    int count;
    int sendsum;
    int buf[10];
    int s_fd, c_fd;                   // 服务器和客户套接字标识符
    int s_len, c_len;                 // 服务器和客户消息长度
    struct sockaddr_in s_addr;        // 服务器套接字地址
    struct sockaddr_in c_addr;        // 客户套接字地址
    s_fd = socket(AF_INET, SOCK_STREAM, 0);      // 创建套接字
    s_addr.sin_family = AF_INET; // 定义服务器套接字地址中的域
    s_addr.sin_addr.s_addr=htonl(INADDR_ANY);
// 定义套接字地址
    s_addr.sin_port = PORT;          // 定义服务器套接字端口
    s_len = sizeof(s_addr);
    bind(s_fd, (struct sockaddr *) &s_addr, s_len);
// 绑定套接字与设置的端口号
    listen(s_fd, 10);              // 监听状态,守候进程
        printf("please wait a moment!\n");
        c_len = sizeof(c_addr);
//接收客户端连接请求
        c_fd = accept(s_fd,(struct sockaddr *) &c_addr,(socklen_t *__restrict) &c_len);
        recv(c_fd,buf,50,0); //接收消息
        sendsum=0;
        for(count=0;count<10;count++)
        {
```

```
        printf("receive message:\n %d\n",buf[count]);  //输出到终端
        sendsum+=buf[count];
        }
        printf("sum= %d\n",sendsum);                    //输出到终端
        send(c_fd,&sendsum,sizeof(sendsum),0);          //回复消息
        close(c_fd);                                    //关闭连接
}
```

（4）在 Linux 系统下，实现 IP 地址转换，将名字地址转换为数字地址。

```
#include<netdb.h>
#include<stdio.h>
#include<sys/types.h>
#include<sys/socket.h>
#include<arpa/inet.h>
int main(int argc,char *argv[])
{
char *p1,**p2,len[INET6_ADDRSTRLEN];
struct hostent *pstr;
if(argc<2)
{
printf("usage:%s hostname\n",argv[0]);
return 1;
}
p1=*(&argv[1]);
if((pstr=gethostbyname(p1))==NULL)
{
printf("call error:%s,%s\n",p1,hstrerror(h_errno));
return 1;
}
printf("hostname:%s\n",pstr->h_name);
switch(pstr->h_addrtype)
{
case AF_INET:
case AF_INET6:
p2=pstr->h_addr_list;
for(;*p2!=NULL;p2++)
printf("address:%s\n",inet_ntop(pstr->h_addrtype,*p2,len,sizeof(len)));
break;
```

```
default:
printf("unknown addrtype!\n");
break;
}
return 0;
}
```

3.5 make 编译练习解析

编写一个名为 makefile 的文件并与源文件代码放在同一个目录下，其中 getdata.c 和 getdata.h 放在一个子文件夹 input 中，putdata.c 和 putdata.h 放在一个子文件夹 output 中，calc.c 和 calc.h 放在一个子文件夹 calc 中，main.c 和 define.h 放在主文件夹中，编写一个主控 makefile 文件，3 个子 makefile 文件，完成整个工程的自动化编译。

```
main.c
#include "stdio.h"
#include "define.h"
#include "calc/calc.h"
#include "input/getdata.h"
#include "output/putdata.h"
//计算 n 个样品中取出 k 个样品的组合方式有多少种
int main()
{
    int n,k;
    double c;
    getdata(&n,&k);
    c=calculate(n,k);
    putdata(n,k,c);
}
define.h
#ifndef DEFINE_H
#define DEFINE_H
#define FACMAX 170
#endif

makefile 文件
-include output/subdir.mk
-include input/subdir.mk
```

```
-include calc/subdir.mk
all:main
objs:=main.o input/getdata.o calc/calc.o output/putdata.o
main:$(objs)
	gcc -o main $(objs)
%.o:%.c
	$(CC) -c $< -o $@
clean:
	rm *.o
	rm main

putdata.c
//输出程序结果
#include "stdio.h"
#include "putdata.h"
//输出
void putdata(int n,int k,double data)
{ char prompt[100];
   sprintf(prompt,"%d 中取%d 的方法总数是%.0lf\n",n,k,data);
   printf(prompt);

putdata.h
#ifndef PUTDATA_H
#define PUTDATA_H
void putdata(int n,int k,double data);
#endif
subdir mk 文件
output/%.o: ../output/%.c
%.o : %.c
	$(CC) -c $< -o $@
getdata.c
//输入两个数 n,和 k 保证 n>=k
#include "stdio.h"
#include "getdata.h"
void getdata(int *n,int*k)
{
	char prompt[100];
	sprintf(prompt,"请输入样本总数(<%d) ",FACMAX);
```

```
        *n=input(prompt);
        do{
           sprintf(prompt,"请输入取样数(<%d>=%d) ",FACMAX,*n);
           *k=input(prompt);
        }while(n<k);
   }
   //输入一个 0 到 FACMAX 之间的数
   int input(char *prompt)
   {
        int x;
        do{
              printf(prompt);
              scanf("%d",&x);

        }while(x<=0||x>FACMAX);
        return x;
   }
   }
   getdata.h
   #ifndef GETDATA_H
   #define GETDATA_H
   #include "../define.h"
   int input(char *prompt);
   void getdata(int *n,int*k);
   #endif
   calc.c
   #include "#include "calc.h"
   //计算 n 个样品中取 k 个样品的组合方式有多少种
   double calculate(int n,int k)
   {
        return factorial(n)/(factorial(k)*factorial(n-k));
   }
   //计算 n 的阶乘
   double factorial(int n)
   {
        double s=1;
        int i;
        for(i=1;i<=n;i++)
```

```
        s=s*i;
    return s;
}"
//计算 n 个样品中取 k 个样品的组合方式有多少种
double calculate(int n,int k)
{
    return factorial(n)/(factorial(k)*factorial(n-k));
}
//计算 n 的阶乘
double factorial(int n)
{
    double s=1;
    int i;
    for(i=1;i<=n;i++)
        s=s*i;
    return s;
}
calc.h
#ifndef CALC_H
#define CALC_H
double factorial(int n);
double calculate(int n,int k);
#endif
```

3.6 界面开发练习解析

（1）综合应用组装盒。

```
#include<stdio.h>
#include<stdlib.h>
#include"gtk/gtk.h"
gint delete_event(GtkWidget*widget,GdkEvent*event,gpointer data)
{
    gtk_main_quit();
    return FALSE;
}
/*生成一个填满按钮-标签的横向盒。我们将感兴趣的参数传递进了这个函数。
*我们不显示这个盒,但显示它内部的所有东西。*/
```

```
GtkWidget*make_box (gboolean homogeneous, gint spacing,gboolean expand, gboolean fill, guint padding)
{
    GtkWidget*box;
    GtkWidget*button;
    char padstr[80];
    /*以合适的 homogeneous 和 spacing 设置创建一个新的横向盒*/
    box=gtk_hbox_new(homogeneous,spacing);
    /*以合适的设置创建一系列的按钮*/
    button=gtk_button_new_with_label("gtk_box_pack");
    gtk_box_pack_start(GTK_BOX(box),button,expand,fill,padding);
    gtk_widget_show(button);
    button=gtk_button_new_with_label("(box,");
    gtk_box_pack_start(GTK_BOX(box),button,expand,fill,padding);
    gtk_widget_show(button);
    button=gtk_button_new_with_label("button,");
    gtk_box_pack_start(GTK_BOX(box),button,expand,fill,padding);
    gtk_widget_show(button);
    /*根据 expand 的值创建一个带标签的按钮*/
    if(expand==TRUE)
        button=gtk_button_new_with_label("TRUE,");
    else
        button=gtk_button_new_with_label("FALSE,");
    gtk_box_pack_start(GTK_BOX(box),button,expand,fill,padding);
    gtk_widget_show(button);
    /*这个和上面根据"expand"创建按钮一样,不过用
    *了简化的形式。*/
    button=gtk_button_new_with_label(fill?"TRUE,":"FALSE,");
    gtk_box_pack_start(GTK_BOX(box),button,expand,fill,padding);
    gtk_widget_show(button);
    sprintf(padstr,"%d);",padding);
    button=gtk_button_new_with_label(padstr);
    gtk_box_pack_start(GTK_BOX(box),button,expand,fill,padding);
    gtk_widget_show(button);
    return box;
}
int main(int argc,char*argv[])
{
```

```
    GtkWidget*window;
    GtkWidget*button;
    GtkWidget*box1;
    GtkWidget*box2;
    GtkWidget*separator;
    GtkWidget*label;
    GtkWidget*quitbox;
    int which;
    /*初始化*/
    gtk_init(&argc,&argv);
    if(argc!=2){
        fprintf(stderr,"usage:packboxnum,wherenumis1,2,or3.\n");
        /*这个在对 GTK 进行收尾处理后以退出状态为 1 退出。*/
        exit(1);
    }
    which=atoi(argv[1]);
    /*创建窗口*/
    window=gtk_window_new(GTK_WINDOW_TOPLEVEL);
    /*你应该总是记住连接 delete_event 信号到主窗口。这对
    *适当的直觉行为很重要*/
    g_signal_connect(G_OBJECT(window),"delete_event",
        G_CALLBACK(delete_event),NULL);
    gtk_container_set_border_width(GTK_CONTAINER(window),10);
    /*我们创建一个纵向盒(vbox)把横向盒组装进来。
    *这使我们可以将填满按钮的横向盒一个个堆叠到
    *这个纵向盒里。*/
    box1=gtk_vbox_new(FALSE,0);
    /*显示哪个示例。这些对应于上面的图片。*/
    switch(which){
case1:
    /*创建一个新标签。*/
    label=gtk_label_new("gtk_hbox_new(FALSE,0);");
    /*使标签靠左排列。我们将在构件属性部分讨
    *论这个函数和其他的函数。*/
    gtk_misc_set_alignment(GTK_MISC(label),0,0);
    /*将标签组装到纵向盒(vboxbox1)里。记住加到纵向盒里的
    *构件将依次一个放在另一个上面组装。*/
    gtk_box_pack_start(GTK_BOX(box1),label,FALSE,FALSE,0);
```

```
/*显示标签*/
gtk_widget_show(label);
/*调用我们生成盒的函数-homogeneous=FALSE,spacing=0,
*expand=FALSE,fill=FALSE,padding=0*/
box2=make_box(FALSE,0,FALSE,FALSE,0);
gtk_box_pack_start(GTK_BOX(box1),box2,FALSE,FALSE,0);
gtk_widget_show(box2);
/*调用我们生成盒的函数-homogeneous=FALSE,spacing=0,
*expand=TRUE,fill=FALSE,padding=0*/
box2=make_box(FALSE,0,TRUE,FALSE,0);
gtk_box_pack_start(GTK_BOX(box1),box2,FALSE,FALSE,0);
gtk_widget_show(box2);
/*参数是:homogeneous,spacing,expand,fill,padding*/
box2=make_box(FALSE,0,TRUE,TRUE,0);
gtk_box_pack_start(GTK_BOX(box1),box2,FALSE,FALSE,0);
gtk_widget_show(box2);
/*创建一个分隔线,以后我们会更详细地学习这些,
*但它们确实很简单。*/
separator=gtk_hseparator_new();
/*组装分隔线到纵向盒。记住这些构件每个都被组装
进了一个纵向盒,所以它们被垂直地堆叠。*/
gtk_box_pack_start(GTK_BOX(box1),separator,FALSE,TRUE,5);
gtk_widget_show(separator);
/*创建另一个新标签,并显示它。*/
label=gtk_label_new("gtk_hbox_new(TRUE,0);");
gtk_misc_set_alignment(GTK_MISC(label),0,0);
gtk_box_pack_start(GTK_BOX(box1),label,FALSE,FALSE,0);
gtk_widget_show(label);
/*参数是:homogeneous,spacing,expand,fill,padding*/
box2=make_box(TRUE,0,TRUE,FALSE,0);
gtk_box_pack_start(GTK_BOX(box1),box2,FALSE,FALSE,0);
gtk_widget_show(box2);
/*参数是:homogeneous,spacing,expand,fill,padding*/
box2=make_box(TRUE,0,TRUE,TRUE,0);
gtk_box_pack_start(GTK_BOX(box1),box2,FALSE,FALSE,0);
gtk_widget_show(box2);
/*另一个新分隔线。*/
separator=gtk_hseparator_new();
```

```
        /*gtk_box_pack_start 的最后三个参数是:
        *expand,fill,padding.*/
        gtk_box_pack_start(GTK_BOX(box1),separator,FALSE,TRUE,5);
        gtk_widget_show(separator);
        break;
    case2:
    /*创建一个新标签,记住 box1 是一个纵向
        *盒,它在 main()前面部分创建*/
        label=gtk_label_new("gtk_hbox_new(FALSE,10);");
        gtk_misc_set_alignment(GTK_MISC(label),0,0);
        gtk_box_pack_start(GTK_BOX(box1),label,FALSE,FALSE,0);
        gtk_widget_show(label);
        /*参数是:homogeneous,spacing,expand,fill,padding*/
        box2=make_box(FALSE,10,TRUE,FALSE,0);
        gtk_box_pack_start(GTK_BOX(box1),box2,FALSE,FALSE,0);
        gtk_widget_show(box2);
        /*参数是:homogeneous,spacing,expand,fill,padding*/
        box2=make_box(FALSE,10,TRUE,TRUE,0);
        gtk_box_pack_start(GTK_BOX(box1),box2,FALSE,FALSE,0);
        gtk_widget_show(box2);
        separator=gtk_hseparator_new();
        /*gtk_box_pack_start 的最后三个参数是:
        *expand,fill,padding.*/
        gtk_box_pack_start(GTK_BOX(box1),separator,FALSE,TRUE,5);
        gtk_widget_show(separator);
        label=gtk_label_new("gtk_hbox_new(FALSE,0);");
        gtk_misc_set_alignment(GTK_MISC(label),0,0);
        gtk_box_pack_start(GTK_BOX(box1),label,FALSE,FALSE,0);
        gtk_widget_show(label);
        /*参数是:homogeneous,spacing,expand,fill,padding*/
        box2=make_box(FALSE,0,TRUE,FALSE,10);
        gtk_box_pack_start(GTK_BOX(box1),box2,FALSE,FALSE,0);
        gtk_widget_show(box2);
        /*参数是:homogeneous,spacing,expand,fill,padding*/
        box2=make_box(FALSE,0,TRUE,TRUE,10);
        gtk_box_pack_start(GTK_BOX(box1),box2,FALSE,FALSE,0);
        gtk_widget_show(box2);
        separator=gtk_hseparator_new();
```

```
        /*gtk_box_pack_start 的最后三个参数是:expand,fill,padding。*/
        gtk_box_pack_start(GTK_BOX(box1),separator,FALSE,TRUE,5);
        gtk_widget_show(separator);
        break;
    case3:
    /*这个示范了用 gtk_box_pack_end()来右对齐构
        *件的能力。首先,我们像前面一样创建一个新盒。*/
        box2=make_box(FALSE,0,FALSE,FALSE,0);
        /*创建将放在末端的标签。*/
        label=gtk_label_new("end");
        /*用 gtk_box_pack_end()组装它,这样它被放到
        *在 make_box()调用里创建的横向盒的右端。*/
        gtk_box_pack_end(GTK_BOX(box2),label,FALSE,FALSE,0);
        /*显示标签。*/
        gtk_widget_show(label);
        /*将 box2 组装进 box1*/
        gtk_box_pack_start(GTK_BOX(box1),box2,FALSE,FALSE,0);
        gtk_widget_show(box2);
        /*放在底部的分隔线。*/
        separator=gtk_hseparator_new();
    /*这个明确地设置分隔线的宽度为 400 像素点和 5 像素点高。这样我们创建
    *的横向盒也将为 400 像素点宽,并且"end"标签将和横向盒里其他的标签
        *分开。否则,横向盒里的所有构件将尽量紧密地组装在一起。*/
        gtk_widget_set_size_request(separator,400,5);
        /*将分隔线组装到在 main()前面部分创建的纵向盒(box1)里。*/
        gtk_box_pack_start(GTK_BOX(box1),separator,FALSE,TRUE,5);
        gtk_widget_show(separator);
    }
    /*创建另一个新的横向盒..记住我们要用多少就能用多少!*/
    quitbox=gtk_hbox_new(FALSE,0);
    /*退出按钮。*/
    button=gtk_button_new_with_label("Quit");
    /*设置这个信号以在按钮被点击时终止程序*/
    g_signal_connect_swapped(G_OBJECT(button),"clicked",
                             G_CALLBACK(gtk_main_quit),
                             window);
                             /*将按钮组装进 quitbox。
                             *gtk_box_pack_start 的最后三个参数是:
```

```
*expand,fill,padding.*/
gtk_box_pack_start(GTK_BOX(quitbox),button,TRUE,FALSE,0);
/*packthequitboxintothevbox(box1)*/
gtk_box_pack_start(GTK_BOX(box1),quitbox,FALSE,FALSE,0);
/*将现在包含了我们所有构件的纵向盒(box1)组装进主窗口。*/
gtk_container_add(GTK_CONTAINER(window),box1);
/*并显示剩下的所有东西*/
gtk_widget_show(button);
gtk_widget_show(quitbox);
gtk_widget_show(box1);
/*最后显示窗口,这样所有东西一次性出现。*/
gtk_widget_show(window);
/*当然,还有我们的主函数。*/
gtk_main();
/*当 gtk_main_quit()被调用时控制权(Control)返回到
*这里,但当 exit()被使用时并不会。*/
return 0;
}
```

(2)创建一个 3*2 的比例框架。

```
#include<gtk/gtk.h>
int main(int argc, char*argv[]) {
    GtkWidget*window;
    GtkWidget*aspect_frame;
    GtkWidget*drawing_area;
    gtk_init(&argc,&argv);
    window=gtk_window_new(GTK_WINDOW_TOPLEVEL);
    gtk_window_set_title(GTK_WINDOW(window),"AspectFrame");
    g_signal_connect(G_OBJECT(window),"destroy",
        G_CALLBACK(gtk_main_quit),NULL);
    gtk_container_set_border_width(GTK_CONTAINER(window),10);
    /*创建一个比例框架,将它添加到顶级窗口中*/
    aspect_frame=gtk_aspect_frame_new("3*2",0.5,0.5, 2, FALSE);
    gtk_container_add(GTK_CONTAINER(window),aspect_frame);
    gtk_widget_show(aspect_frame);
    /*添加一个子构件到比例框架中*/
    drawing_area=gtk_drawing_area_new();
    /*要求一个 200×200 的窗口,但是比例框架会给出一个 200×100 *的窗口,因为
```

```
已经指定了 2×1 的比例值*/
        gtk_widget_set_size_request(drawing_area,200,200);
        gtk_container_add(GTK_CONTAINER(aspect_frame),drawing_area);
        gtk_widget_show(drawing_area);
        gtk_widget_show(window);
        gtk_main();
        return 0;
    }
```

（3）创建一个假想的 email 程序的用户界面。窗口被垂直划分为两个部分：上面部分显示一个 email 信息列表，下面部分显示 email 文本信息。

```
    #include <stdio.h>
    #include <gtk/gtk.h>
    /* 创建一个"信息"列表 */
    GtkWidget *create_list( void )
    {
        GtkWidget *scrolled_window;
        GtkWidget *tree_view;
        GtkListStore *model;
        GtkTreeIter iter;
        GtkCellRenderer *cell;
        GtkTreeViewColumn *column;
        int i;
    /* 创建一个新的滚动窗口(scrolled window),只有需要时,滚动条才出现 */
        scrolled_window = gtk_scrolled_window_new (NULL, NULL);
        gtk_scrolled_window_set_policy (GTK_SCROLLED_WINDOW (scrolled_window),
GTK_POLICY_AUTOMATIC,GTK_POLICY_AUTOMATIC);
        model = gtk_list_store_new (1, G_TYPE_STRING);
        tree_view = gtk_tree_view_new ();
        gtk_scrolled_window_add_with_viewport (GTK_SCROLLED_WINDOW (scrolled_
window),tree_view);
        gtk_tree_view_set_model (GTK_TREE_VIEW (tree_view), GTK_TREE_MODEL
(model));
        gtk_widget_show (tree_view);
        /* 在窗口中添加一些消息 */
        for (i = 0; i < 10; i++) {
            gchar *msg = g_strdup_printf ("Message %d", i);
            gtk_list_store_append (GTK_LIST_STORE (model), &iter);
```

```
            gtk_list_store_set (GTK_LIST_STORE (model),&iter,0, msg,-1);
            g_free (msg);        }              cell = gtk_cell_renderer_text_new ();
            column   =   gtk_tree_view_column_new_with_attributes   ("Messages",cell,
"text", 0,NULL);
            gtk_tree_view_append_column  (GTK_TREE_VIEW  (tree_view),GTK_  TREE_
VIEW_COLUMN (column));
            return scrolled_window; }
            /*  向文本构件中添加一些文本  -  这是当窗口被实例化(realized)时调用
的回调函数。我们也可以用 gtk_widget_realize 强行将窗口实例化,但这必须在它的层
次关系*   确定后(be part of a hierarchy)才行。  */
    // 译者注: 构件的层次关系就是其 parent 被确定。将一个子构件加到一个
    //容器中时,其 parent 就是这个容器。层次关系被确定要求,其 parent 的 parent...
    //也确定了。顶级窗口可以不要 parent 。只是我的经验理解。
    void insert_text (GtkTextBuffer *buffer)
    {
        GtkTextIter iter;
        gtk_text_buffer_get_iter_at_offset (buffer, &iter, 0);
        gtk_text_buffer_insert  (buffer,  &iter,"From:  pathfinder@nasa.gov\nTo:  mom@
nasa.gov\nSubject: Made it!\n\nWe just got in this morning. The weather has been\n"\
            "great - clear but cold, and there are lots of fun sights.\n"\
            "Sojourner says hi. See you soon.\n"         " -Path\n", -1);
    }
    /* 创建一个滚动文本区域,用于显示一个"信息" */
    GtkWidget *create_text( void ) {
        GtkWidget *scrolled_window;
        GtkWidget *view;
        GtkTextBuffer *buffer;
        view = gtk_text_view_new ();
        buffer = gtk_text_view_get_buffer (GTK_TEXT_VIEW (view));
        scrolled_window = gtk_scrolled_window_new (NULL, NULL);
        gtk_scrolled_window_set_policy (GTK_SCROLLED_WINDOW (scrolled_window),
            GTK_POLICY_AUTOMATIC,GTK_POLICY_AUTOMATIC);
        gtk_container_add (GTK_CONTAINER (scrolled_window), view);
        insert_text (buffer);
        gtk_widget_show_all (scrolled_window);
        return scrolled_window; }

    int main( int     argc,char *argv[] ) {
```

```
        GtkWidget *window;
        GtkWidget *vpaned;        GtkWidget *list;
        GtkWidget *text;        gtk_init (&argc, &argv);
        window = gtk_window_new (GTK_WINDOW_TOPLEVEL);
        gtk_window_set_title (GTK_WINDOW (window), "Paned Windows");
        g_signal_connect (G_OBJECT (window), "destroy",G_CALLBACK (gtk_main_
quit), NULL);
        gtk_container_set_border_width (GTK_CONTAINER (window), 10);
        gtk_widget_set_size_request (GTK_WIDGET (window), 450, 400);
        /* 在顶级窗口上添加一个垂直分栏窗口构件 */
        vpaned = gtk_vpaned_new ();
        gtk_container_add (GTK_CONTAINER (window), vpaned);
        gtk_widget_show (vpaned);
        /* 在分栏窗口的两部分各添加一些构件 */
        list = create_list ();
        gtk_paned_add1 (GTK_PANED (vpaned), list);
        gtk_widget_show (list);
        text = create_text ();
        gtk_paned_add2 (GTK_PANED (vpaned), text);
        gtk_widget_show (text);
        gtk_widget_show (window);
        gtk_main ();
        return 0;
    }
```

（4）编写一个 GTK+程序，实现简单的计算器。

```
#include <gtk/gtk.h>
#include <stdlib.h>
static GtkWidget *entry;            //定义单行输入控件来显示输入输出的数字
gint count = 0 ;                    //计位
gdouble nn = 0 ;                    //计数一
gdouble mm = 0 ;                    //计数二
gint   s = 0 ;                      //算法
gboolean first = TRUE;              //首次输入
gboolean have_dot = FALSE;          //是否有小数点
gboolean have_result = FALSE;       //是否有结果输出
gchar number[100];                  //保存用户输入的数字
void        clear_all        (void)
```

```
{       //清除所有相关标记
        gint i;
        gtk_entry_set_text(GTK_ENTRY(entry),"");
        nn = 0;
        mm = 0 ;
        s = 0;
        count = 0 ;
        first = TRUE;
        have_dot = FALSE;
        have_result = FALSE;
        for(i = 0 ; i < 100 ; i++)
              number[i] = '\0';
}
void          on_num_clicked     (GtkButton* button,gpointer data)
{
        //当数定键按下时执行
        const gchar *num;
      gint i;
      if(have_result)
            clear_all();              //有结果则全部清除
      if(count == 6) return;          //够 6 位数则不能再输入数字
      count++;
      num = gtk_button_get_label(GTK_BUTTON(button));//取数
      i = g_strlcat(number,num,100);//保存
      if(first)
            nn = strtod(number,NULL);//数一
      else
            mm = strtod(number,NULL);//数二
      gtk_entry_set_text(GTK_ENTRY(entry),number);//显示
      }
void            on_dot_clicked              (GtkButton* button,gpointer data)
{       //当小数点按下时
        gint i;
        if(have_result)
              clear_all();//全部清除
        if(have_dot == FALSE)
              //如果无小数点则可以
              {
```

```
            have_dot = TRUE;
            i = g_strlcat(number,".",100);
            gtk_entry_set_text(GTK_ENTRY(entry),number);
            }                          //如果有小数点则不输出
        }
    void        on_clear_clicked(GtkButton* button,gpointer data)
    {           clear_all();//全部清除
    }
    void        on_suan_clicked             (GtkButton* button,gpointer data) {
        //当计算按钮 +,-,*,/ 按下时
        gint i;
        switch(GPOINTER_TO_INT(data))
        {           case 1: //"+"
            s = 1;
            gtk_entry_set_text(GTK_ENTRY(entry),"");
            first = FALSE ;
            count = 0;
            break;
            case 2: //"-"
                s = 2;
                gtk_entry_set_text(GTK_ENTRY(entry),"");
                first = FALSE ;
                count = 0;
                break;          case 3: //"*"
                    s = 3;
                    gtk_entry_set_text(GTK_ENTRY(entry),"");
                    first = FALSE ; count = 0; break;
                    case 4: //"/"
                        s = 4;
                        gtk_entry_set_text(GTK_ENTRY(entry),"");
                        first = FALSE ; count = 0; break;
        }           have_dot = FALSE;
        for(i = 0 ; i < 100 ; i++) //清除数字
            number[i] = '\0'; }
    void on_eq_clicked (GtkButton* button,gpointer data) {
        //当等号键按钮按下时
        double numb;
        gchar num[100];
```

```
        gchar *result;
        switch(s)
        {
        case 1:
              //"+"
              numb = nn+mm;
          break;          case 2: //"-"
                numb = nn-mm;
                break;
                case 3: //"*"
                      numb = nn*mm;
                      break;
                      case 4: //"/"
                           numb = nn/mm;
                           break;
}                          result = g_ascii_dtostr(num,100,numb);
gtk_entry_set_text(GTK_ENTRY(entry),result);
have_result = TRUE;
}
int main ( int argc , char* argv[])
{                       GtkWidget *window;
GtkWidget *vbox;
GtkWidget *hbox,*hbox1,*hbox2,*hbox3,*hbox4;
GtkWidget *button;
GtkWidget *label;
gtk_init(&argc,&argv);
window = gtk_window_new(GTK_WINDOW_TOPLEVEL);
g_signal_connect(G_OBJECT(window),"delete_event",
            G_CALLBACK(gtk_main_quit),NULL);
gtk_window_set_title(GTK_WINDOW(window),"计算器");
gtk_window_set_position(GTK_WINDOW(window),GTK_WIN_POS_CENTER);
gtk_container_set_border_width(GTK_CONTAINER(window),10);
   vbox = gtk_vbox_new(FALSE,0);
   gtk_container_add(GTK_CONTAINER(window),vbox);
   hbox = gtk_hbox_new(FALSE,0);
   gtk_box_pack_start(GTK_BOX(vbox),hbox,FALSE,FALSE,5);
   label = gtk_label_new("Calculator");
   gtk_box_pack_start(GTK_BOX(hbox),label,TRUE,TRUE,5);
```

```
button = gtk_button_new_with_label("C");
gtk_box_pack_start(GTK_BOX(hbox),button,TRUE,TRUE,5);
g_signal_connect(G_OBJECT(button),"clicked",G_CALLBACK(on_clear_
clicked),NULL);
entry = gtk_entry_new();
gtk_widget_set_direction(entry,GTK_TEXT_DIR_RTL);
gtk_box_pack_start(GTK_BOX(vbox),entry,FALSE,FALSE,5);
hbox1 = gtk_hbox_new(FALSE,0);
gtk_box_pack_start(GTK_BOX(vbox),hbox1,FALSE,FALSE,5);
button = gtk_button_new_with_label("3");
gtk_box_pack_start(GTK_BOX(hbox1),button,TRUE,TRUE,5);
g_signal_connect(G_OBJECT(button),"clicked",G_CALLBACK(on_num_
clicked),NULL);
button = gtk_button_new_with_label("2");
gtk_box_pack_start(GTK_BOX(hbox1),button,TRUE,TRUE,5);
g_signal_connect(G_OBJECT(button),"clicked",G_CALLBACK(on_num_clicked),
NULL);
button = gtk_button_new_with_label("1");
gtk_box_pack_start(GTK_BOX(hbox1),button,TRUE,TRUE,5);
g_signal_connect(G_OBJECT(button),"clicked",G_CALLBACK(on_num_clicked),
NULL);
button = gtk_button_new_with_label("+");
g_signal_connect(G_OBJECT(button),"clicked",G_CALLBACK(on_suan_clicked),
(gpointer)1);
gtk_box_pack_start(GTK_BOX(hbox1),button,TRUE,TRUE,5);
hbox2 = gtk_hbox_new(FALSE,0);
gtk_box_pack_start(GTK_BOX(vbox),hbox2,FALSE,FALSE,5);
button = gtk_button_new_with_label("6");
g_signal_connect(G_OBJECT(button),"clicked",G_CALLBACK(on_num_clicked),
NULL);
gtk_box_pack_start(GTK_BOX(hbox2),button,TRUE,TRUE,5);
button = gtk_button_new_with_label("5");
g_signal_connect(G_OBJECT(button),"clicked",G_CALLBACK(on_num_clicked),
NULL);
gtk_box_pack_start(GTK_BOX(hbox2),button,TRUE,TRUE,5);
button = gtk_button_new_with_label("4");
g_signal_connect(G_OBJECT(button),"clicked",
G_CALLBACK(on_num_clicked),NULL);
```

```
gtk_box_pack_start(GTK_BOX(hbox2),button,TRUE,TRUE,5);
button = gtk_button_new_with_label("-");
g_signal_connect(G_OBJECT(button),"clicked",
G_CALLBACK(on_suan_clicked),(gpointer)2);
gtk_box_pack_start(GTK_BOX(hbox2),button,TRUE,TRUE,5);
hbox3 = gtk_hbox_new(FALSE,0);
gtk_box_pack_start(GTK_BOX(vbox),hbox3,FALSE,FALSE,5);
button = gtk_button_new_with_label("9");
g_signal_connect(G_OBJECT(button),"clicked",
G_CALLBACK(on_num_clicked),NULL);
gtk_box_pack_start(GTK_BOX(hbox3),button,TRUE,TRUE,5);
button = gtk_button_new_with_label("8");
g_signal_connect(G_OBJECT(button),"clicked",
G_CALLBACK(on_num_clicked),NULL);
gtk_box_pack_start(GTK_BOX(hbox3),button,TRUE,TRUE,5);
button = gtk_button_new_with_label("7");
g_signal_connect(G_OBJECT(button),"clicked",
G_CALLBACK(on_num_clicked),NULL);
gtk_box_pack_start(GTK_BOX(hbox3),button,TRUE,TRUE,5);
button = gtk_button_new_with_label("*");
g_signal_connect(G_OBJECT(button),"clicked",
G_CALLBACK(on_suan_clicked),(gpointer)3);
gtk_box_pack_start(GTK_BOX(hbox3),button,TRUE,TRUE,5);
hbox4 = gtk_hbox_new(FALSE,0);
gtk_box_pack_start(GTK_BOX(vbox),hbox4,FALSE,FALSE,5);
button = gtk_button_new_with_label("0");
g_signal_connect(G_OBJECT(button),"clicked",G_CALLBACK(on_num_clicked),
NULL);
gtk_box_pack_start(GTK_BOX(hbox4),button,TRUE,TRUE,5);
button = gtk_button_new_with_label(".");
g_signal_connect(G_OBJECT(button),"clicked",G_CALLBACK(on_dot_clicked),
NULL);
gtk_box_pack_start(GTK_BOX(hbox4),button,TRUE,TRUE,5);
button = gtk_button_new_with_label("=");
g_signal_connect(G_OBJECT(button),"clicked",
G_CALLBACK(on_eq_clicked),NULL);
gtk_box_pack_start(GTK_BOX(hbox4),button,TRUE,TRUE,5);
button = gtk_button_new_with_label("/");
```

```
    g_signal_connect(G_OBJECT(button),"clicked",
    G_CALLBACK(on_suan_clicked),(gpointer)4);
    gtk_box_pack_start(GTK_BOX(hbox4),button,TRUE,TRUE,5);
    gtk_widget_show_all(window);
    gtk_main();
    return FALSE;
}
```

（5）编写一个程序实现用户的登录界面。

```
#include <gtk/gtk.h>
void on_button_clicked(GtkWidget *widget, gpointer label)
{
/*这是 gtk 的一个函数,用来给 Label 设定文字*/
gtk_label_set_text(GTK_LABEL(label),"你看,标签变了！");
}
int main(int argc, char *argv[])
{
/*这些语句声明了一些组件变量,由于 GTK 是面向对象的,
所以都可以声明为 GtkWidget,这也是习惯做法 */
GtkBuilder *builder;
GtkWidget *window;
GtkWidget *button;
GtkWidget *label;
/*每一个 gtk 程序都会用到这一句,用来初始化*/
gtk_init(&argc, &argv);
/*这个 builder 就是用来读取我们用 Glade 设计的界面的一个东西*/
builder = gtk_builder_new();
/*用下面这个 gtk 函数把 abitno.glade 的内容给 builder*/
gtk_builder_add_from_file(builder, "ui.glade", NULL);
/*通过名字从 abitno.glade 中读取我们需要使用的组件*/
window = GTK_WIDGET(gtk_builder_get_object(builder, "MainWindow"));
button=GTK_WIDGET(gtk_builder_get_object(builder,"button"));
label=GTK_WIDGET(gtk_builder_get_object(builder,"label"));
/*这是 glib 里的一个函数,用来把一个组件与一个函数关联起来,下面
这句就是把 button 和我们上面的那个 on_button_clicked 给关联了*/
g_signal_connect( G_OBJECT(button), "clicked",
G_CALLBACK(on_button_clicked), (gpointer)label);
/*这条语句就是自动把所有信号处理函数都关联好*/
```

```
gtk_builder_connect_signals(builder, NULL);
/*因为我们已经不需要 builder 了,就释放 builder 的空间*/
g_object_unref(G_OBJECT(builder));
/*将 Window 内所有的组件都显示出来,这样我们才能看见*/
gtk_widget_show_all(window);
/*这也是每一个 gtk 程序都要有的*/
gtk_main();
return 0;
}
```

（6）根据上题编写的登录界面编写 C 语言代码，实现登录功能。

```
#include <gtk/gtk.h>
/***********************************************************************
*** 从 名 字 就 可 以 看 出 这 是 一 个  button  被 点 击 时 要 执 行 的 函 数
***********************************************************************/
GtkWidget *window;
GtkWidget *btnlogin;
GtkWidget *btncancel;
GtkWidget *txtuser;
GtkWidget *txtpassword;
GtkWidget *lblinfo;
void on_button_clicked(GtkWidget *widget, gpointer null)
{
    /*这是 gtk 的一个函数,用来给 Label 设定文字*/
    const gchar *username,*password;
    username=gtk_entry_get_text(GTK_ENTRY(txtuser));
    password=gtk_entry_get_text(GTK_ENTRY(txtpassword));
    if(!g_strcasecmp(username,"a")&&!g_strcasecmp(password,"b"))
        gtk_label_set_text(GTK_LABEL(lblinfo),"密码正确");
    else
        gtk_label_set_text(GTK_LABEL(lblinfo),"密码错误");

}

int main(int argc, char *argv[])
{

/*这些语句声明了一些组件变量,由于 GTK 是面向对象的,
    所以都可以声明为 GtkWidget,这也是习惯做法  */
```

```
    GtkBuilder *builder;

    /*每一个 gtk 程序都会用到这一句,用来初始化*/
    gtk_init(&argc, &argv);

    /*这个 builder 就是用来读取我们用 Glade 设计的界面的一个东西*/
    builder = gtk_builder_new();

    /*用下面这个 gtk 函数把 abitno.glade 的内容给 builder*/
    gtk_builder_add_from_file(builder, "login.glade", NULL);

    /*通过名字从 abitno.glade 中读取我们需要使用的组件*/
    window = GTK_WIDGET(gtk_builder_get_object(builder, "window"));
    btnlogin=GTK_WIDGET(gtk_builder_get_object(builder,"btnlogin"));
    btncancel=GTK_WIDGET(gtk_builder_get_object(builder,"btncancel"));
    txtuser=GTK_WIDGET(gtk_builder_get_object(builder,"txtuser"));
    txtpassword=GTK_WIDGET(gtk_builder_get_object(builder,"txtpassword"));
    lblinfo=GTK_WIDGET(gtk_builder_get_object(builder,"lblinfo"));

    /*这是 glib 里的一个函数,用来把一个组件与一个函数关联起来,下面
    这句就是把 button 和我们上面的那个 on_button_clicked 给关联了*/
    g_signal_connect( G_OBJECT(btnlogin), "clicked",
        G_CALLBACK(on_button_clicked), NULL);

    /*这条语句就是自动把所有信号处理函数都关联好*/
    gtk_builder_connect_signals(builder, NULL);

    /*因为我们已经不需要 builder 了,就释放 builder 的空间*/

    /*将 Window 内所有的组件都显示出来,这样我们才能看见*/
    g_object_unref(G_OBJECT(builder));
    gtk_widget_show_all(window);

    /*这也是每一个 gtk 程序都要有的*/
    gtk_main();
    return 0;
}
```

3.7 综合项目练习解析

综合应用已经学习知识，编写一个程序，实现 MP3 音乐播放器的功能。

```
/*Mp3.h 文件*/
#ifndef MAIN_H
#define MAIN_H
#include <gtk/gtk.h>
#include <gst/gst.h>
static GstElement *play = NULL;
static guint timeout_source = 0;
static GtkWidget *main_window;
static GtkWidget *play_button;
static GtkWidget *pause_button;
static GtkWidget *stop_button;
static GtkWidget *open_file;
static GtkWidget *status_label;
static GtkWidget *time_label;
static GtkWidget *seek_scale;
static GtkWidget *title_label;
static GtkWidget *artist_label;
static char *current_filename = NULL;
gboolean no_seek = FALSE;

static void open_file_clicked(GtkWidget *widget, gpointer data);
static void pause_clicked(GtkWidget *widget, gpointer data);
gboolean pause_play();
static gboolean build_gstreamer_pipeline(const gchar *uri);
static gboolean bus_callback (GstBus *bus, GstMessage *message, gpointer data);
void gui_clear_metadata(void);
void gui_update_time(const gchar *time,
                        const gint64 position,const gint64 length);
void gui_update_metadata(const gchar *title,const gchar *artist);
static void open_file_clicked(GtkWidget *widget, gpointer data);
gboolean load_file(const gchar *uri);
gboolean play_file();
void seek_to(gdouble percentage);
static void play_clicked(GtkWidget *widget, gpointer data);
gboolean play_file();
```

```
static void seek_value_changed(GtkRange *range, gpointer data);
static void stop_clicked(GtkWidget *widget, gpointer data);
void initgui();
#endif

/*主程序文件*/
#include "Mp3.h"
int main(int argc, char *argv[])
{
    GtkBuilder *builder;
    gtk_init(&argc, &argv);
    gst_init(&argc, &argv);
    builder= gtk_builder_new();
    gtk_builder_add_from_file(builder, "Mp3.glade", NULL);
    main_window = GTK_WIDGET(gtk_builder_get_object(builder, "MainWindow"));
    //gtk_widget_set_size_request(main_window, 300, 260);
    play_button = GTK_WIDGET(gtk_builder_get_object(builder, "play_button"));
    pause_button = GTK_WIDGET(gtk_builder_get_object(builder, "pause_button"));
    stop_button = GTK_WIDGET(gtk_builder_get_object(builder, "stop_button"));
    open_file = GTK_WIDGET(gtk_builder_get_object(builder, "open_file"));
    status_label = GTK_WIDGET(gtk_builder_get_object(builder, "status_label"));
    time_label = GTK_WIDGET(gtk_builder_get_object(builder, "time_label"));
    seek_scale = GTK_WIDGET(gtk_builder_get_object(builder, "seek_scale"));
    //GtkAdjustment    *adj=gtk_adjustment_new(0,0,100,1,1,100);
    gtk_range_set_adjustment(GTK_SCALE(seek_scale),
            GTK_ADJUSTMENT(gtk_adjustment_new(0,0,100,1,1,0.1)));

    artist_label = GTK_WIDGET(gtk_builder_get_object(builder, "artist_label"));
    title_label = GTK_WIDGET(gtk_builder_get_object(builder, "title_label"));
    gtk_widget_set_sensitive(GTK_WIDGET(stop_button), FALSE);
    gtk_widget_set_sensitive(GTK_WIDGET(play_button), FALSE);
    gtk_widget_set_sensitive(GTK_WIDGET(pause_button), FALSE);

    g_signal_connect(play_button, "clicked", G_CALLBACK(play_clicked), NULL);
    g_signal_connect(pause_button, "clicked", G_CALLBACK(pause_clicked), NULL);
    g_signal_connect(stop_button, "clicked", G_CALLBACK(stop_clicked), NULL);
    g_signal_connect(seek_scale, "value-changed", G_CALLBACK(seek_value_ changed),
NULL);
```

```
    g_signal_connect(open_file, "clicked", G_CALLBACK(open_file_clicked), NULL);


    gtk_builder_connect_signals(builder, NULL);
    g_object_unref(G_OBJECT(builder));
    gtk_widget_show_all(main_window);
    gtk_main();
    return 0;
}

/* Handler for File->Open action */
static void open_file_clicked(GtkWidget *widget, gpointer data)
{
  /* Construct a GtkFileChooser */
  GtkWidget *file_chooser = gtk_file_chooser_dialog_new(
        "Open File", GTK_WINDOW(main_window),
        GTK_FILE_CHOOSER_ACTION_OPEN,
        GTK_STOCK_CANCEL, GTK_RESPONSE_CANCEL,
        GTK_STOCK_OPEN, GTK_RESPONSE_ACCEPT,
        NULL);

  /* Run the dialog and if the user pressed the accept button... */
if (gtk_dialog_run(GTK_DIALOG(file_chooser)) == GTK_RESPONSE_ACCEPT)
  {
    /* ...get the URI of the chosen file */
    char *filename;
    filename = gtk_file_chooser_get_uri(GTK_FILE_CHOOSER(file_chooser));
    /* In case we're already playing a file, simulate a press of the stop button */
    g_signal_emit_by_name(G_OBJECT(stop_button), "clicked");
    if (current_filename) g_free(current_filename);
    current_filename = filename;
    /* Load the selected file */
    if (load_file(filename))
       gtk_widget_set_sensitive(GTK_WIDGET(play_button), TRUE);
  }

  gtk_widget_destroy(file_chooser);
}
```

```
/* Handler for play button click event */
static void play_clicked(GtkWidget *widget, gpointer data)
{
   if (current_filename)
   {
      if (play_file())
      {
         gtk_widget_set_sensitive(GTK_WIDGET(stop_button), TRUE);
         gtk_widget_set_sensitive(GTK_WIDGET(pause_button), TRUE);
      }
      else
      {
         g_print("Failed to play\n");
      }
   }
}
static void pause_clicked(GtkWidget *widget, gpointer data)
{
         if (play) {
                  GstState state;
                  gst_element_get_state(play, &state, NULL, -1);
                  if(state == GST_STATE_PLAYING){
                        gst_element_set_state(play, GST_STATE_PAUSED);
                        gtk_button_set_label(GTK_BUTTON(pause_button), "继续");
                        gtk_widget_set_sensitive(GTK_WIDGET(stop_button), FALSE);
                        gtk_widget_set_sensitive(GTK_WIDGET(play_button), FALSE);
                  }
                  else if(state == GST_STATE_PAUSED){
                        gst_element_set_state(play, GST_STATE_PLAYING);
                        gtk_button_set_label(GTK_BUTTON(pause_button), "暂停");
                        gtk_widget_set_sensitive(GTK_WIDGET(stop_button), TRUE);
                        gtk_widget_set_sensitive(GTK_WIDGET(play_button), TRUE);
                  }
                  return ;
         }
}
/* Handler for stop button click */
static void stop_clicked(GtkWidget *widget, gpointer data)
```

```
{
        /* Remove the timeout function */
        if (timeout_source) g_source_remove(timeout_source);
        timeout_source = 0;

        /* Stop playback and delete the pipeline */
        if (play) {
            gst_element_set_state(play, GST_STATE_NULL);
            //gst_object_unref(GST_OBJECT(play));
            //play = NULL;
        }

        /* Update the GUI */
        initgui();
}

/* Handler for user moving seek bar */
static void seek_value_changed(GtkRange *range, gpointer data)
{
    if (no_seek) return;
    gdouble val = gtk_range_get_value(range);

    seek_to(val);
}
/* Takes time values and formats them for the time label and seek slider */
void gui_update_time(const gchar *time, const gint64 position, const gint64 length)
{
    gtk_label_set_text(GTK_LABEL(time_label), time);
    if (length > 0) {
        no_seek = TRUE;
        gtk_range_set_value(GTK_RANGE(seek_scale), ((gdouble)position / (gdouble)
length) * 100.0);
        no_seek = FALSE;
    }
}

/* Convenience function to update title and artist display */
void gui_update_metadata(const gchar *title, const gchar *artist)
{
```

```
    gtk_label_set_text(GTK_LABEL(title_label), title);
    gtk_label_set_text(GTK_LABEL(artist_label), artist);
}

/* Convenience function to stop displaying metadata */
void gui_clear_metadata(void)
{
    gtk_label_set_text(GTK_LABEL(title_label), "");
    gtk_label_set_text(GTK_LABEL(artist_label), "");
}


/* Callback function invoked when a message arrives on the playback
 * pipeline's bus. */
static gboolean bus_callback (GstBus *bus, GstMessage *message, gpointer data)
{
    switch (GST_MESSAGE_TYPE (message)) {
        case GST_MESSAGE_ERROR: {
            /* An error has occurred.
             * A real application would probably need to handle this more
             * intelligently than just quitting. */
            GError *err;
            gchar *debug;

            gst_message_parse_error(message, &err, &debug);
            g_print("Error: %s\n", err->message);
            g_error_free(err);
            g_free(debug);

            gtk_main_quit();
            break;
        }

        case GST_MESSAGE_EOS:
            /* The pipeline has reached the end of the stream. */
            g_print("End of stream\n");
            g_signal_emit_by_name(G_OBJECT(stop_button), "clicked");
            initgui();
            break;
```

```
        case GST_MESSAGE_TAG: {
            /* The stream discovered new tags. */
            GstTagList *tags;
            gchar *title   = "";
            gchar *artist = "";
            /* Extract from the message the GstTagList.
              * This generates a copy, so we must remember to free it.*/
            gst_message_parse_tag(message, &tags);
            /* Extract the title and artist tags - if they exist */
            if (gst_tag_list_get_string(tags, GST_TAG_TITLE, &title)
            && gst_tag_list_get_string(tags, GST_TAG_ARTIST, &artist))
        gui_update_metadata(title, artist);
            /* Free the tag list */
            gst_tag_list_free(tags);
            break;
        }

        default:
            /* Another message occurred which we are not interested in handling. */
            break;
    }

    /* We have handled this message, so indicate that it should be removed from
      * the queue.*/
    return TRUE;
}


/* This function is called every 200 milliseconds.
  * It retrieves the pipeline's playback position and updates the GUI with it. */
static gboolean update_time_callback(GstElement *pipeline)
{
    GstFormat fmt = GST_FORMAT_TIME;
    gint64 position;
    gint64 length;
    gchar time_buffer[25];

    if (gst_element_query_position(pipeline, &fmt, &position) && gst_element_query_
duration(pipeline, &fmt, &length)) {
```

```
        g_snprintf(time_buffer, 24, "%u:%02u:%02u", GST_TIME_ARGS(position));
        gui_update_time(time_buffer, position, length);
    }

    return TRUE;
}


/* Given a URI, constructs a pipeline to play it.
 * Uses GStreamer's supplied 'playbin' element as an automatic solution */
static gboolean build_gstreamer_pipeline(const gchar *uri)
{
    /* Destroy the pipeline if there is one already to avoid leaks */
    if (play) {
        gst_element_set_state(play, GST_STATE_NULL);
        gst_object_unref(GST_OBJECT(play));
        play = NULL;
    }

    /* Create and initialise a playbin element */
    play = gst_element_factory_make("playbin", "play");
    if (!play) return FALSE;
    g_object_set(G_OBJECT(play), "uri", uri, NULL);

    /* Connect the message bus callback to the playbin */
    gst_bus_add_watch(gst_pipeline_get_bus(GST_PIPELINE(play)), bus_callback, NULL);

    return TRUE;
}
/* Attempt to load a file */
gboolean load_file(const gchar *uri) {
    if (build_gstreamer_pipeline(uri))
        return TRUE;

    return FALSE;
}
/* Attempt to play the loaded file */
gboolean play_file() {
    if (play) {
```

```
        /* Start playing */
        gst_element_set_state(play, GST_STATE_PLAYING);
        gtk_widget_set_sensitive(GTK_WIDGET(stop_button), TRUE);
        gtk_widget_set_sensitive(GTK_WIDGET(pause_button), TRUE);
        /* Connect a callback to trigger every 200 milliseconds to
         * update the GUI with the playback progress. We remember
         * the ID of this source so that we can remove it when we stop
         * playing */
        timeout_source = g_timeout_add(200, (GSourceFunc)update_time_callback, play);
        return TRUE;
    }
    return FALSE;
}

/* Stop playing a file, if we're playing one. */
/* Attempt to seek to the given percentage through the file */
void seek_to(gdouble percentage)
{
    GstFormat fmt = GST_FORMAT_TIME;
    gint64 length;
    /* If it seems safe to attempt a seek... */
    if (play && gst_element_query_duration(play, &fmt, &length)) {
        /* ...calculate where to seek to */
        gint64 target = ((gdouble)length * (percentage / 100.0));
        /* ...and attempt the seek */
        if (!gst_element_seek(play, 1.0, GST_FORMAT_TIME,
            GST_SEEK_FLAG_FLUSH, GST_SEEK_TYPE_SET,
            target, GST_SEEK_TYPE_NONE, GST_CLOCK_TIME_NONE))
            g_print("Failed to seek to desired position\n");
    }
}
void initgui()
{
        gtk_widget_set_sensitive(GTK_WIDGET(stop_button), FALSE);
        gtk_widget_set_sensitive(GTK_WIDGET(pause_button), FALSE);
        gtk_range_set_value(GTK_RANGE(seek_scale), 0.0);
        gtk_label_set_text(GTK_LABEL(time_label), "--:--:--");
}
```

参考文献

[1] Blum R，Bresnahan C. Linux 命令行与 shell 脚本编程大全[M]. 北京：人民邮电出版社，2016.

[2] 刘遄. Linux 就该这么学[M]. 北京：人民邮电出版社，2017.

[3] 博韦，西斯特. 深入理解 LINUX 内核[M]. 北京：中国电力出版社，2007.

[4] 拉芙. Linux 内核设计与实现[M]. 北京：机械工业出版社，2011.

[5] 刘忆智. Linux 从入门到精通[M]. 北京：清华大学出版社，2014.

[6] Kerrisk M. Linux/UNIX 系统编程手册(上、下册)[M]. 孙剑，等，译. 北京：人民邮电出版社，2014.

[7] 储成友. Linux 系统运维指南：从入门到企业实战[M]. 北京：人民邮电出版社，2020.

[8] Matthew N，Stones R. Linux 程序设计[M]. 北京：人民邮电出版社，2010.

[9] 朱文伟，李建英. Linux C 与 C++ 一线开发实践[M]. 北京：清华大学出版社，2018.

[10] 宋宝华. Linux 设备驱动开发详解：基于最新的 Linux4.0 内核[M]. 北京：机械工业出版社，2015.

[11] 陈硕. Linux 多线程服务端编程：使用 muduo C++网络库[M]. 北京：电子工业出版社，2013.

[12] 龙小威.手把手教你学 Linux[M]. 北京：水利水电出版社，2020.

[13] 王军. Linux 系统命令及 Shell 脚本实践指南[M]. 北京：机械工业出版社，2014.

[14] 孟宁，娄嘉鹏，刘宇栋. 庖丁解牛 Linux 内核分析[M]. 北京：人民邮电出版社，2018.

[15] 陈德全. Linux 轻松入门——一线运维师实战经验独家揭秘[M]. 北京：中国青年出版社，2020.

[16] 郑强. Linux 驱动开发入门与实战[M]. 北京：清华大学出版社，2014.